Ein Handbuch zur Vogelforschung.

Eine Beschreibung von 25 einheimischen Vögeln mit Studienmöglichkeiten

William H. Carr

Writat

Diese Ausgabe erschien im Jahr 2023

ISBN: 9789359253619

Herausgegeben von
Writat
E-Mail: info@writat.com

Inhalt

ZIRKULIERENDE NATURSAMMLUNGEN VON VÖGELN IM AMERICAN MUSEUM OF NATURAL HISTORY

Dieses Vogelstudienhandbuch ist insbesondere für Lehrer und Schüler an New Yorker Schulen gedacht. Es wurde in erster Linie geschrieben, um die Vögel zu beschreiben, die in den zirkulierenden Naturstudiensammlungen enthalten sind, die das American Museum of Natural History an öffentliche Schulen ausleiht. Es kann jedoch auch als allgemeiner Leitfaden für die Vogelforschung verwendet werden. Die verschiedenen Studienskizzen erzählen die Geschichte verschiedener Projekte, die im Zusammenhang mit Vögeln entwickelt werden können. Typische Vögel sind abgebildet. Es wird so viel wie möglich über die Lebensgeschichte jedes Vogels wiedergegeben. Die Vogelgedichte können im Zusammenhang mit dem Englischlernen verwendet werden. Das Studium der Vögel kann durchaus mit dem Studium vieler anderer Fächer wie Staatsbürgerkunde, Geographie und anderen Themen korreliert werden.

Der Zweck der Leihsammlungen von Vögeln und anderen Tieren im American Museum of Natural History besteht darin, den Lehrern gutes Material für den Unterricht zur Verfügung zu stellen. Gleichzeitig werden mit jeder Sammlung verlässliche Daten bereitgestellt. Diese Leihsammlungen stehen jedem Lehrer an jeder Schule im Großraum New York zur Verfügung.

Für die Lehrer wurde die Methode zur Beschaffung dieser Sammlungen so einfach wie möglich gestaltet. Mindestens einmal im Jahr (im September) und manchmal zweimal im Jahr wird jedem Schulleiter im Stadtsystem eine Rücksendepostkarte zugesandt. Um die Sammlungen zu erhalten, muss der Schulleiter lediglich die Reihenfolge in der Reihenfolge angeben die Lieferung der Sammlungen wünscht, unterschrieben mit seinem Namen und seiner Schulnummer. Die Museumsboten überbringen dann die Sammlungen und rufen sie ab, ohne dass die Schulen dafür einen weiteren Aufwand betreiben müssen. Die gesamten Kosten dieser Dienstleistung trägt das Museum.

Den Lehrern wird dringend empfohlen, ihre Klassen wann immer möglich zum American Museum of Natural History in der 77th

Street und im Central Park West zu bringen, um die angebotenen Möglichkeiten für weitere Studien zu nutzen. In den vielen Vogel- und Tiersälen wird das häusliche Leben und der allgemeine Lebensraum der Lebewesen ausführlich dargestellt. Es gibt einen kostenlosen Reiseführerservice für Lehrer und Schüler. Außerdem finden Kurse für Schulkinder im neuen Schuldienstgebäude statt. Tatsächlich ist die Fülle an naturgeschichtlichem Studienmaterial immer vorhanden und auf vielfältige Weise für alle verfügbar, die ihr Wissen über die Tiere im Freien erweitern möchten.

Bewerbungen für diese Sammlungen und für weitere Informationen sind an das American Museum of Natural History, 77th Street und Central Park West, New York City zu richten. GEORGE H. SHERWOOD , *Chefkurator Abteilung für öffentliche Bildung*

Das American Museum of Natural History verfügt über fünf Vogelsammlungen, die an öffentliche Schulen ausgeliehen werden können. Diese fünf sind:

DAS BLUEBIRD-SET

Drossel – Phoebe – Rauchschwalbe – Zaunkönig – Schornsteinsegler.

DAS EULEN-SET

Meise – Kleiber – Singsperling – Kreischeule – Kinglet.

DAS ROBIN-SET

Rotkehlchen – Rotschulterstärling – Baltimore-Pirol – Splittersperling – Wiesenlerche.

DAS BLUE JAY-SET

Blauhäher – Flaumspecht – Star – Junco – Englischer Spatz – Kreuzschnabel.

DAS SCHARLACHROTE TANAGER-SET

Scharlachroter Tanager – Rotäugiger Vireo – Stieglitz – Kolibri – Taube.

ANDERE ARTEN VON KREDITEINZÜGEN, DIE BESICHERT WERDEN KÖNNEN, SIND:

Insekten – Schwämme und Korallen – Krebstiere – Mineralien und Gesteine – Einheimische Wälder – Seesterne und Würmer – Weichtiere.

- 3 -

VORSCHLÄGE FÜR LEHRER

Manchmal ist es hilfreich, Vögel mit der „Frage-und-Antwort"-Methode zu untersuchen. Die folgenden Fragen wurden geschrieben, um weitere Fragen ähnlicher Art vorzuschlagen.

WAS IST EIN VOGEL? Ein Vogel ist ein Tier, das Federn hat. Kein anderes Tier hat Federn.

EINE „STADT" SELTSAMER VÖGEL

Einige der hellsten Momente der Kindheit sind mit einer vagen Erkenntnis der Schönheit und des Geheimnisses der Welt verbunden.

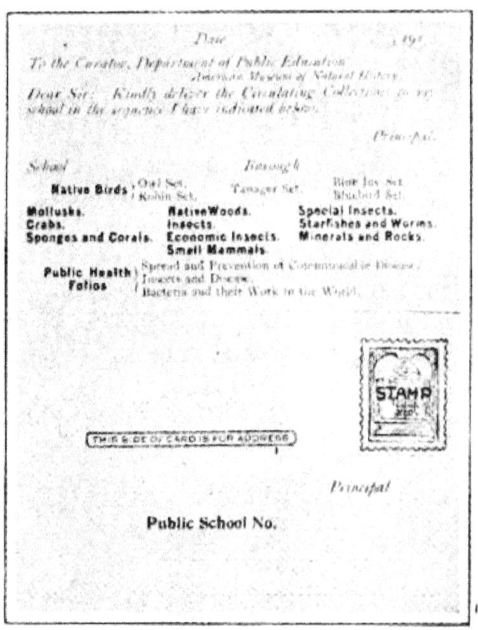

DIE BESTELLPOSTKARTE

Die Anforderung des Dienstes wurde um ein Vielfaches vereinfacht. Alles, was ein Auftraggeber tun muss, um die Sammlungen zu erhalten, ist, durch Zahlen die Reihenfolge anzugeben, in der er sie geliefert haben möchte.

WOFÜR WERDEN FEDERN VERWENDET? Federn helfen, den Vogel warm zu halten. Mit Hilfe von Federn fliegt der Vogel.

WELCHES ANDERE LEBEWESEN KANN OHNE DIE HILFE VON FEDERN FLIEGEN? Die Fledermaus kann auf Flügeln aus dünner Haut fliegen.

WIE HEIßEN EINIGE VÖGEL, DIE FÜR IHRE FÄHIGKEIT ZUM SCHWIMMEN, FLIEGEN, KRIECHEN UND GEHEN BEKANNT SIND? Der Weißkopfseeadler und der Kondor sind beide Vögel, die sehr starke Flieger sind. Können Sie noch weitere nennen? Die Enten sind im Wasser zu Hause. Können Sie andere Vögel nennen, die problemlos schwimmen können? Der kleine Braunkriechvogel und viele andere Vögel freuen sich sehr über ihre Fähigkeit, sich hochzuschleichen und auf Bäume zu klettern. Das Huhn und das Rebhuhn sind beide ausgezeichnete Wanderer. Nennen Sie einige andere Vögel, die laufen.

WELCHE VÖGEL HELFEN DEN BÄUMEN ZU ÜBERLEBEN, INDEM SIE SCHÄDLICHE INSEKTEN TÖTEN? Auf diese Weise helfen die Spechte den Bäumen. Nennen Sie einige andere Vögel, die an Baumstämmen Nahrung finden.

WAS KÖNNEN WIR ZUM SCHUTZ DER VÖGEL TUN? Wir können den Vögeln helfen, zu überleben, indem wir ihnen im Sommer Tränken und Vogelbäder und im Winter Futtertische zur Verfügung stellen. Wir können helfen, indem wir uns nicht in die Nähe von Vogelnestern begeben und den Vögeln in keiner Weise Schaden zufügen.

VORSCHLÄGE FÜR LEHRER UND SCHÜLER
WEITERE STUDIENTHEMEN

Vögel kommen in fast „jedem Winkel der Erde" vor. Ihre Studie hat weltweites Interesse und Anklang gefunden. Die folgende Liste soll als Hilfe dienen, sich an Themen zu erinnern, die im Freien erarbeitet oder im Klassenzimmer gelernt werden können.

SICHT DER VÖGEL: Die scharfe Sehkraft von Falken und Adlern; Das Auge der Eule bei Nacht.

VARIATION IN DER STRUKTUR DES SCHNABELS: Anpassungen des spitzen, gebogenen Schnabels der fleischfressenden Falken; der kleine, spitze Schnabel des insektenfressenden Waldsängers.

VARIATION IN DER STRUKTUR DER FÜßE: Die starken Greifkrallen von Fleischfressern; die kraftvollen „Gehfüße" des Huhns; die hockenden Füße der Meise,

SAUBERKEITSGEWOHNHEITEN BEI VÖGELN: Nester reinigen, in Wasser und Staub baden.

EINE NATURSTUDIEN-SAMMLUNG – DAS
BLUEJAY-SET

Die Proben werden in einer hölzernen Tragetasche in der Größe eines gewöhnlichen Koffers an die Schule geliefert. Die Vögel sind auf einzelnen Sockeln montiert und können

leicht aus dem Gehäuse entnommen werden. Somit können die Proben einzeln oder gemeinsam verwendet werden. Sie sind von allen Seiten anfassbar und einsehbar.

DER FLUG DER VÖGEL: Kraftvoller, anhaltender Flug des Kondors; pfeilschneller Flug von Fliegenfängern; Schweben in der Luft oder Schwebeflug des Kolibri und Sperbers.

VOGELZUG: Reisen von einem Kontinent zum anderen, oft über weite Wasserflächen; Reise des Goldregenpfeifers.

TRAINING JUNGER VÖGEL DURCH IHRE ELTERN: Junge Rauchschwalben werden in die Luft gezwungen; Rotkehlchen bieten den Jungen Futter an und locken sie so dazu, das Nest zu verlassen.

DIE LIEDER DER VÖGEL: Die Papageien, Drosseln, Spatzen. Gesänge männlicher Vögel während der Brutzeit, Nachahmung und Mimikry – Catbird; Warnrufe, Anrufnotizen.

PFLEGE UND ERNÄHRUNG JUNGER MENSCHEN: Verschiedene Methoden der Eltern. Der Pelikan, das Rotkehlchen, die Schwalben, der Flimmer.

ARTEN VON NESTERN: Bauweise, verwendete Materialien, Gebäudestandort; Nest der Uferschwalbe, hängendes Nest des Pirols, Krähennest.

KAMPFWAFFEN: Sporen, Flügel, Schnäbel, Krallen.

SCHUTZFÄRBUNG: Ähnlichkeit von Gefieder, Farbe und Zeichnung mit dem Lebensraum – der Walddrossel, dem Rebhuhn.

VOGELHÄUSER: Verschiedene Arten, wie hergestellt, wie platziert, wie verwendet.

VOGELSCHUTZ: Erhaltungsmethoden in verschiedenen Staaten. Gesetze zum Schutz.

BEZIEHUNG VON VÖGELN ZUR LANDWIRTSCHAFT: Insektenfresser, Samenfresser, Nagetiervernichter.

DIE VOGELFEDER: Federn zum Lernen werden den Lehrern auf Anfrage ausgehändigt.

(Notiz). Dies sind nur einige der Themen, die durchaus in Betracht gezogen werden könnten.

ÜBERBLICK FÜR DIE VOGELSTUDIE
(Vorschläge für Lehrer und Schüler)

Bei der Beobachtung von Vögeln im Freien oder im Klassenzimmer mit der Idee, sie zu studieren oder zu identifizieren, gibt es bestimmte Dinge zu wissen und zu merken. Die folgende Übersicht enthält einige Vorschläge, worauf Sie achten sollten, wenn Sie einen Vogel zum ersten Mal sehen oder wenn Sie ein montiertes Exemplar oder ein Farbbild betrachten.

BEWEGUNGEN: Sehen Sie, ob der Flieger hüpft oder geht, wenn er am Boden liegt. Hängt es kopfüber, bewegt es sich langsam oder schnell, schwimmt oder kriecht es? Denken Sie daran, dass derselbe Vogel zu verschiedenen Zeiten ein anderes Aussehen haben kann.

VERANLAGUNG: Haben Sie jemals an einen Vogel im Zusammenhang mit seiner Veranlagung gedacht? Beachten Sie, ob es ahnungslos, misstrauisch, sozial, einsam usw. ist.

FLUG: Fliegt der Vogel, der über Ihrem Kopf fliegt, schnell oder langsam? Flattert es oder segelt und steigt es? Vielleicht bewegt es sich wellenförmig (fliegt in halbmondförmigen Kurven auf und ab), wie es der Stieglitz tut.

LIED: Es kommt oft vor, dass man einen Vogel hört, ihn aber nicht sieht. Daher sollten Sie die Lieder sehr genau anhören. Beachten Sie, ob das Lied kontinuierlich, kurz, laut, leise, angenehm oder unattraktiv ist und ob es vom Boden, von einem höheren Sitzplatz oder aus der Luft kommt.

RUFNOTIZEN: Fast alle Vögel haben eine RUFNOTIZ , die sich vom normalen Gesang unterscheidet. Diese Notizen können verschiedener Art sein, z. B. Schelten, Warnungen, Alarme, Signalisierungen und eine Reihe anderer.

GRÖßE: Auf dem Feld können Sie nicht auf einen Wildvogel zugehen und ihn mit einem Lineal messen, sondern Sie können ihn in der Größe mit einem anderen Vogel vergleichen, den Sie kennen. Vergleichen Sie den unbekannten Vogel mit einem englischen Spatz, der etwa 6 Zoll lang ist, einem Rotkehlchen, das etwa 10 Zoll lang ist, und einer Krähe, die 19 Zoll lang ist. Denken Sie daran, 6, 10 und 19.

FORM: Beachten Sie die Form des Schnabels, die Länge des Schwanzes und die Form der Flügel.

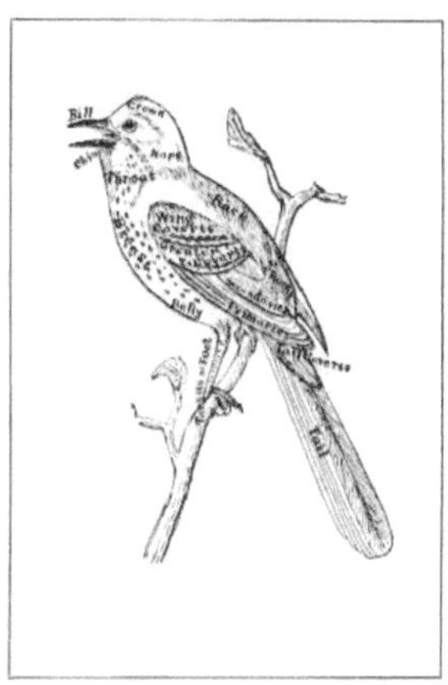

Vogel mit beschrifteten Teilen

„VÖGEL, DIE UNSERE FREUNDE SIND"

Eine der neuen naturkundlichen Sammlungen der „Habitat Group". Die Etikettenhalter sind an der Rückseite des Gehäuses angelenkt und schließen an den Enden, sodass das Glas beim Transport geschützt ist. Die Beschriftung links ist allgemein gehalten und gibt Gründe an, warum Vögel unsere Freunde sind. Auf der rechten Seite geht es um die Gewohnheiten und den Gebrauch der einzelnen Vögel in diesem Fall, wobei jeder durch eine einfache Zeichnung statt durch Titel oder Nummer identifiziert wird.

MARKIERUNGEN UND FARBE: Sehen Sie genau, wo sich die Markierungen befinden. Denken Sie daran, dass ein Vogel ohne Federn fast wie jedes andere Tier aussehen würde . Wenn Sie das nächste Mal ein Huhn haben, nachdem die Federn entfernt wurden, schauen Sie es sich genau an. Die Flügel sehen aus wie Arme und tatsächlich haben sie drei „Finger", die leicht zu erkennen sind. Der Vogel hat eine Krone auf dem Kopf; Er hat „Wangen", eine Brust, einen Hals, einen Bauch und einen Hintern sowie andere äußere oder äußere Teile. Sagen Sie nicht, dass Sie einen Vogel gesehen haben, der „überall schwarz, weiß und braun" war. Niemand konnte dir sagen, was das für ein Vogel war. *Sehen Sie* – genau das, was Sie sehen. Wie bei den MARKIERUNGEN sollten Sie etwas über die Teile eines Vogels wissen, bevor Sie genau sagen können, wo die Farben vorkommen. Wie viele Farben gibt es auf der Unterseite des Rotkehlchens?

AUSSEHEN: Der Vogel kann aufmerksam, hellwach oder nachdenklich sein, als hätte er gerade einen Freund verloren. Der Schwanz kann herabhängen, der Kamm aufgerichtet oder das Gefieder gekräuselt sein.

HAUNTS: Wo hast du den Vogel gesehen? War es in der Nähe der Küste, am Flussufer, in den Wäldern, auf den Feldern, an einem Ort, wo das Land niedrig und sumpfig oder hoch und felsig war, oder lag es unten in der Nähe des Seeufers?

JAHRESZEIT: Die Jahreszeit, zu der der Vogel gesehen wird, ist eine sehr wichtige Sache, die es zu beachten und zu berücksichtigen gilt. Achten Sie auf die Zeiten, zu denen Vögel zum ersten Mal ankommen und wann sie abreisen. Haben Sie sie im Winter, Frühling, Sommer oder Herbst gesehen? Sind sie ständige Bewohner?

NAHRUNG: Als Sie über die Weide oder durch den Park gingen und sahen, wie ein Vogel etwas fraß, blieben Sie dann stehen und versuchten herauszufinden, um welches Futter es sich handelte? Hat der Vogel Beeren, Insekten, Samen gefressen? Wie wurde dieses Essen gesichert?

PAARUNG: Jeder Vogel hat bestimmte Balzgewohnheiten. Beachten Sie diese Possen.

NISTEN: Beobachten Sie die Wahl des Nistplatzes und die für die Nester verwendeten Materialien wie Schlamm, Gras, Blätter usw. Beachten Sie den Aufbau, die Anzahl und die Farbe der Eier; und die Inkubationszeit bzw. die Zeitspanne, die die Eier zum Schlüpfen benötigen ; Und vor allem: *Stören Sie in keiner Weise das Vogelnest* .

DIE JUNGEN: Beobachten und erfahren Sie, welches Essen die Eltern den Jungen geben. wie sie gepflegt werden; die Zeit, die sie im Nest bleiben; ihre Schreie, Taten, Erstflüge und so weiter.

SO FINDEN SIE VÖGEL:

(a) – *Wann* – Die besten Tageszeiten sind der frühe Morgen und der späte Nachmittag. Warum ist das wahr?

(b) – *Wo* – Eine bewässerte Wiese mit Bäumen hier und da lockt Vögel an. Lernen Sie dies durch Beobachtung.

(c) – *Wie* – Verwenden Sie Ihren gesunden Menschenverstand in Bezug auf Kleidung und allgemeine Handlungen. Setzen Sie sich und lassen Sie die Vögel zu Ihnen kommen.

Basierend auf Dr. Frank M. Chapmans „A Bird's Biography", S. 73 – BIRD LIFE , herausgegeben von D. Appleton & Co., New York.

DER BLAUVOGEL

In dieser Gegend sind einige der Bluebirds das ganze Jahr über bei uns. Allerdings sind sie im Winter nicht so häufig zu sehen wie in den wärmeren Sommermonaten. Die Stare und Englischen Sperlinge haben sie von vielen ehemaligen Nistplätzen vertrieben.

NAHRUNG: Die Drossel frisst viele Insekten, darunter Käfer, Heuschrecken und verschiedene Arten von Raupen. Er ernährt sich auch oft von Früchten wie Zedernbeeren, Wildkirschen und anderen Wildpflanzen.

SCHNABEL: Der Schnabel dieses Vogels ähnelt stark dem des Rotkehlchens und der Drosseln. Diese Vögel sind sehr eng miteinander verwandt.

FÜSSE: Als typischer Sitzvogel hat der Bluebird sehr gut entwickelte Füße. Die Hinterzehe ist größer als alle Vorderzehen und ist beim Ergreifen eines Zweigs oder eines größeren Astes von großem Nutzen.

NEST: Wenn der Bluebird seinen Partner gefunden hat, beginnt das Paar mit der Suche nach einem Zuhause. Es kann in einem hohlen Baum, einem Zaunpfosten oder in einer Kiste sein, die von freundlicher Hand gebaut wurde. Innerhalb des Nistlochs wird ein Bett aus getrocknetem Gras angelegt. Fünf oder sechs hellblaue Eier werden gelegt und dann ist die neue Familie auf dem besten Weg.

LIED: Das Lied der Drossel ist zwar nicht sehr lang, aber sehr sanft und süß. Sie hat einen musikalischen Klang und ist eine der schönsten Vogelstimmen des frühen Frühlings. Die Noten sind etwas unsicher und haben einen zarten, klagenden Charakter.

John Burroughs hat über den Bluebird gesagt :

„Und da drüben, der Blaue Vogel, mit dem Erdton auf seiner Brust und dem Himmelston auf seinem Rücken, kam er an jenem hellen Märzmorgen vom Himmel herab, als er uns so sanft und klagend sagte, dass, wenn wir wollten, der Frühling gekommen sei? "

William Cullen Bryant hat geschrieben:—

„Wenn Buchenknospen anschwellen,

Und Wälder, die das Trällern der Drossel kennen ,

Die bescheidene Glocke des Gelbveilchens

Ausschnitte aus den Blättern des letzten Jahres unten."

Und Lowell:—

„Er verschiebt seine leichte Ladung Lieder,

Von Pfosten zu Pfosten entlang des freudlosen Zauns."

Der Bluebird – 7 Zoll

DIE PHOEBE

Gegen Ende März wagt sich die friedliche, zuversichtliche Phoebe nach Norden. Manchmal begrüßen Eis und Schnee den kleinen Vogel, aber er nimmt das Wetter einfach so, wie es kommt. Die Rückreise in den hohen Süden beginnt erst, als die ersten frostigen Septembernächte die Geschichte des nahenden Winters erzählen.

NAHRUNG: Zum Zeitpunkt der Ankunft der Phoebe probieren einige der ersten Fluginsekten ihre Flügel aus. Da es sich bei Phoebe um einen Fliegenfänger handelt, sieht man ihn auf der Suche nach seinem Futter herumhuschen und herumwirbeln. Man kann das Knacken seines Schnabels hören, wenn ein kleines Lebewesen überholt und verschluckt wird. Käfer, Rüsselkäfer, Fliegen, Heuschrecken und andere Insekten helfen bei der Ernährung dieses Vogels.

SCHNABEL: Der Schnabel der Phoebe ist hervorragend an ihre Ernährungsgewohnheiten angepasst. Diese Feder ist ziemlich breit und stark. Auf jeder Seite befinden sich kleine „Borsten", die dem Vogel beim Füttern beim Fliegen helfen. Wie helfen diese „Borsten"?

FLÜGEL und SCHWANZ : Die Phoebe ist eine Expertin in der Luft. Seine Flügel und sein Schwanz sind vergleichsweise lang und kräftig. Vergleichen Sie sie mit denen des Wren. Welcher der beiden ist der beste Flieger? Warum?

LIED: Während sie sich ausruht und nach Insekten Ausschau hält, setzt sich die Phoebe oft auf das Ende eines Astes oder Zaunpfostens und singt „ *pewit-phoebe-phoebe-phoebe* ". Gleichzeitig bewegt er seinen Schwanz ruckartig seitwärts. Er ist kein großer Sänger, aber wenn im März oder Anfang April der Klang „ *Phoebe-Phoebe* " zu uns kommt, wissen wir, dass der Frühling bald da ist.

NEST: Das Nest der Phoebe ist gut aus Schlamm, Moos und anderen Materialien gebaut. Manchmal ist es mit Wolle und Federn gefüttert. Die Struktur wird auf einer ebenen Fläche platziert, beispielsweise auf einem Sparren unter einer Brücke oder in einer Scheune. Gelegentlich wird das Nest unter einer schützenden Böschung oder Klippe gebaut. Die Eier sind normalerweise weiß.

Über die Phoebe hat Lowell geschrieben:

„Phoebe ist alles, was es zu sagen hat,

In klagender Kadenz immer und immer wieder

Wie Kinder, die den Weg verloren haben

Und kenne ihre Namen, aber nichts weiter."

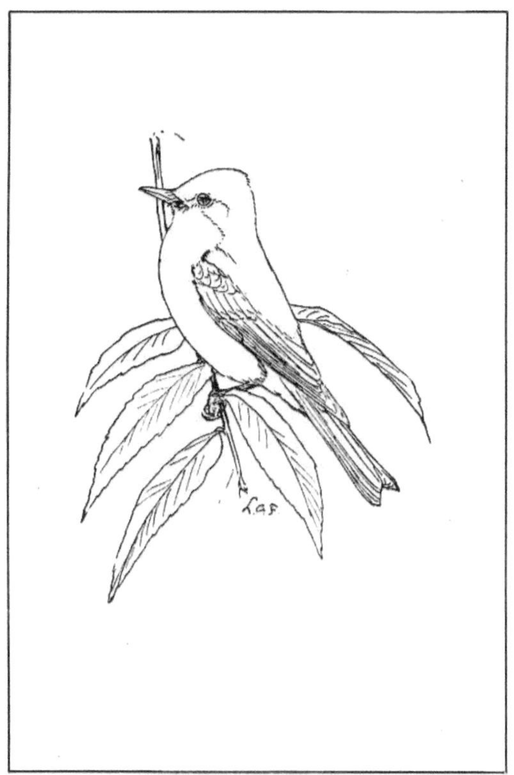

Die Phoebe, ein Fliegenfänger – 7 Zoll

DIE SCHWALBE

Die Rauchschwalben kommen gegen Ende April im Norden an und reisen Anfang September wieder ab. Sie sind gesellige Vögel und reisen in großen Schwärmen.

NAHRUNG: Am Flügel gefangene Insekten bilden die Nahrung dieser Schwalben. Sie huschen hier und da über Feld und Wasser und fangen ihre Beute in schnellem, anmutigem Flug.

FÜßE: In der Migrationszeit sitzen oft Tausende von Schwalben auf Telefonleitungen, manchmal in so großer Zahl, dass die Leitungen reißen. Ihre kleinen Füße sind dafür gut geeignet, jedoch nicht zum Gehen auf dem Boden.

SCHWANZ: Der Schwanz der Rauchschwalbe ist tief gegabelt. Im Sitzen dienen diese langen, hervorstehenden äußeren Schwanzfedern dazu, die Rauchschwalbe von allen anderen einheimischen Schwalben zu unterscheiden.

LIED: Das sanfte Zwitschern der Rauchschwalbe ist ein vertrautes Geräusch auf vielen Bauernhöfen, auf denen eine alte Scheune oder ein anderes Nebengebäude als Nistplatz dienen kann. Es handelt sich um einen musikalischen Ton, der sich in ein „*Kit-Tic-Kit-Tic*" verwandelt, wenn der Vogel aufgeregt wird.

NEST: Das becherförmige Nest der Rauchschwalbe besteht aus Schlamm und ist mit Gras und Federn ausgekleidet. Es wird an die Seite eines Sparrens oder Balkens oder an die Innenseite der Wetterverschalung einer alten Scheune geklebt, wo der Vogel durch eine zerbrochene Fensterscheibe oder ein anderes Loch ins Freie gelangt. Die Eier sind weiß, braun und lavendelfarben gesprenkelt.

DIE BAUMSCHWALBE

Baumschwalben nisten sowohl in hohlen Bäumen als auch in Nistkästen, die der Mensch für ihre Nutzung errichtet hat. Die oberen Teile dieses Vogels sind blaugrün, während die unteren Teile reinweiß sind. Auf dem Weg nach Süden versammeln sie sich in großen Schwärmen und beginnen, nachdem sie hoch in die Luft geflogen sind, tagsüber ihre Reise. In Long Beach, Long Island, wurden Tausende von ihnen beobachtet, wie sie sich kurz vor ihrem Aufbruch nach Süden von den Lorbeersträuchern ernährten.

1. Purple Martin
Shining blau-schwarz; Flügel und Schwanz stumpfer
2. Traufen- oder Klippenschwalbe.
Rücken und Krone stahlblau, Stirn cremeweiß, Hals und
Seiten des Kopfes kastanienbraun, Brust bräunlichgrau,
Unterseite weißlich
3. Sandbankschwalbe
Oberkörper und Brustband bräunlichgrau, Kehle und
Unterkörper weiß
4. Rauchschwalbe
Unterteile dunkelblau, Stirn, Kehle und Brust rotbraun
5. Baumschwalbe
Obere Teile dunkelblau oder grün, Hals und untere Teile
weiß

Der Zaunkönig

Eines Tages , Ende April, wird der Zaunkönig auftauchen und zur wachsenden Vogelpopulation beitragen. Erst Mitte August oder Ende September wird er abreisen. Er ist der häufigste unserer Zaunkönige.

NAHRUNG: Die Nahrung dieses kleinen Vogels besteht zu 98 Prozent aus Insekten.

AKTIONEN: Diese kleinen Vögel sind sehr unruhig. Sie scheinen nie still zu sein. Von der Morgendämmerung bis zur Dunkelheit schaukeln, hüpfen und verneigen sie sich mit unermüdlicher Energie. Der steife, ständig zuckende Schwanz befindet sich normalerweise in einer aufrechten, frechen Haltung und ist ein wahres Zeichen der Persönlichkeit des Zaunkönigs.

LIED: The House Wren ist mehr für die Quantität seines Liedes bekannt als für die Qualität. Obwohl Teile seines Gesangs sanft und musikalisch sind, gibt es andere Momente, in denen scheltende, kratzende Töne die Darbietung beeinträchtigen. Ständig singend geht der Zaunkönig seiner Arbeit nach. Selbst wenn er mit einem Wurm im Schnabel fliegt oder sitzt, singt er vor sich hin, als ob der Gedanke an bloßes Essen tatsächlich weit von ihm entfernt wäre. Das eigentliche Lied ist ein spontaner und ausgelassener Ausbruch und wird mit echter Hingabe gesungen, die den kleinen gefiederten Körper vor der Kraft seiner Anstrengung geradezu zum Zittern bringt.

NEST: Das Nest des Zaunkönigs wird in einer natürlichen oder künstlichen Höhle gebaut. Wenn kein hohler Baum in der Nähe ist, genügt ein Traufauslauf, sofern ihn nicht zuvor ein Englischer Spatz gefunden hat. Es ist sogar bekannt, dass Zaunkönige ihre Nester in alten Schuhen bauen! Das verwendete Material besteht aus Gras und kurzen Zweigen, Federn und ähnlichem Material. Die Eier, manchmal bis zu acht, sind dicht und rosabraun gesprenkelt.

FLUG: Der Flug des Zaunkönigs ist sehr unregelmäßig. Es schießt mit großer Geschwindigkeit hierhin und dorthin. Obwohl er kein sehr starker Flieger ist, reist der Vogel an viele Orte, die größere Vögel niemals bewältigen könnten.

Der Zaunkönig – 4¾ Zoll

Der Schornsteinbrecher

Der Schornsteinsegler, der in keiner Weise mit den Schwalben verwandt ist, wird im Norden gegen Ende April oder Anfang Mai gesichtet. Von den letzten Augustwochen bis Ende September kann man Schwärme beobachten, die nach Süden ziehen, und dann hat uns der Vogel verlassen, bis der Frühling wieder kommt.

NAHRUNG: Mauersegler ernähren sich ausschließlich während des Fluges. Sie fressen kleine Fluginsekten aller Art und fangen sie hauptsächlich am frühen Morgen und am späten Nachmittag.

FÜßE: Der Mauersegler landet selten auf einem flachen Gegenstand. Sein charakteristischer Sitzplatz ist ein Baum mit rauer Oberfläche oder ein Schornstein, wo sich die kleinen, schwachen Füße an der Wand festklammern und den Vogel in einer aufrechten Position halten.

SCHWANZ: Der Schwanz des Schornsteinseglers dient als Stütze, um dem Vogel dabei zu helfen, sich an senkrechten Flächen festzuhalten. Die Federn dieser fächerförmigen Requisite sind an der Spitze geformt.

FLÜGEL UND KÖRPER: Der Körper des Mauerseglers ist „zigarrenförmig". Die Flügel sind schlank, aber kräftig und haben lange Außenfedern, die ihm helfen, stundenlang zu fliegen.

LIED: Der Schornsteinfeger hat kein richtiges Lied. Seine Gesangsbemühungen resultieren in einem immer wieder wiederholten „ *Chip-Chip-Chip* " mit einem zwitscherähnlichen Rhythmus, der manchmal „ *Chippy-Chippy-Chippy-Chip* " klingt.

NEST: Das Nest dieses Vogels ist eine ungewöhnliche Struktur aus Zweigen, die mit seinem klebrigen Speichel zusammengeklebt werden. Es bildet eine flache, untertassenförmige Plattform, in die die kleinen weißen Eier gelegt werden. Bevor künstliche Schornsteine Nistplätze boten, bauten Mauersegler hohle Bäume.

Schornsteinfeger – 5½ Zoll

DIE MEISE

Die freundlichen, manchmal neugierigen Meisen begleiten uns das ganze Jahr über. Sie sind immer aktiv, fliegen hier und da auf der Suche nach Nahrung und geben ihre fröhlichen Rufe von sich.

SCHNABEL: Der pinzettenartige Schnabel dieses kleinen Vogels ist sehr gut zum Fangen und Fressen kleiner Insekten und ihrer Eier geeignet.

GEWOHNHEITEN: Die Meisen sind nie fremd für jemanden, der in Sicht- oder Hörweite von ihnen geht. Sie fliegen sehr nahe und es ist sogar bekannt, dass sie sich auf die Hand verschiedener Vogelbeobachter setzen, die ihr Vertrauen ausreichend gewonnen haben. Die grauen und schwarzen Farben dieser kleinen Federbällchen passen zu den Baumstämmen und Ästen, auf denen die Meisen auf der Suche nach Nahrung klettern und hängen.

LIED: Die Meise nennt beim Singen ihren eigenen Namen. Ella G. Ives hat gesagt:

„Ich kenne einen kleinen Pfarrer, der einen großen Abschluss hat;

Wie ein Drachen mit langem Schwanz lässt er sein DDDD fliegen.“

„Chickadee-dee-dee!“ ist die Musik, die von diesem kleinen Turner der Branche kommt. Manchmal wird auch eine „Phoebe“-Anrufnotiz angegeben. Es ist ganz einfach, diesen Ton durch Pfeifen nachzuahmen. Wenn Sie es richtig machen, antwortet möglicherweise die Meise.

NEST: Ein alter, hohler Baumstumpf oder Zaunpfosten wird von der Meise oft als Zuhause gewählt. Das Nest im Inneren besteht aus Moos, Pflanzenfasern, Gräsern und Federn. Es werden fünf bis neun Eier gelegt. Sie haben eine weiße Farbe mit rötlichen braunen Flecken.

Ralph Waldo Emerson bewunderte die Meise, die der Winterkälte trotzte und auch bei kältestem Wetter so glücklich schien. Er schrieb dies über den kleinen Vogel:

„Dieses Stück Tapferkeit nur zum Spielen

Stellt sich dem Nordwind in westengrauer Weste entgegen,

Als ob ich mein schwaches Verhalten beschämen wollte.“

Der Chick-a-dee – 5¼ Zoll

DER WEISSBRUSTKleiber

Der Kleiber ist einer der Baumstammvögel , der im Winter ein enger Freund der Meisen und der Falschen Spechte ist. Er ist das ganze Jahr über bei uns. Manche nennen ihn den „auf den Kopf gestellten Vogel", weil er in fast jeder erdenklichen Position an Baumstämmen auf und ab rennen kann.

NAHRUNG: Die Nahrung des Kleibers besteht aus kleinen Insekten, die unter und auf der Rinde von Bäumen leben. Der kleine, spitze Schnabel eignet sich gut zum Abtrennen loser Rindenabschnitte, in denen sich möglicherweise Eier, Larven oder Puppen von Insekten befinden, die in den kalten Monaten versteckt sind.

GEWOHNHEITEN: Edith M. Thomas hat ein kleines Gedicht über den Kleiber geschrieben. Es ist eine gute Beschreibung der akrobatischen Kräfte dieser kleinen grauen Waldvögel.

„Schlauer kleiner Waldjäger, ganz grau,

Wen ich an einem Wintertag auf meinem Spaziergang traf –

Du bist damit beschäftigt, jede Ritze und jedes Loch zu
    inspizieren

In der zerlumpten Rinde eines Hickory-Stämms;

Du konzentrierst dich auf deine Aufgabe und ich auf das
    Gesetz

Von Deinem wunderbaren Kopf und Deiner Turnklaue!"

„Der Specht könnte an dieser Leistung durchaus verzweifeln
    –"

Nur wer mit dir fliegt, kann mithalten!

So viel ist klar; aber ich würde es gerne wissen

Wie du so rücksichtslos und furchtlos gehen kannst,

Kopf nach oben, Kopf nach unten, alle eins für dich,

Zenit und Nadir sind Ihrer Meinung nach dasselbe."

NEST: Das Nest des Kleibers befindet sich in einem Loch in einem Baum oder Baumstumpf. Es ist mit Federn, Blättern und anderen ähnlichen Materialien ausgekleidet. Die weißen

Eier sind dicht gesprenkelt und haben eine rötliche und lavendelfarbene Farbe. Es werden fünf bis acht Eier gelegt.

LIED: Jemand hat den Gesang dieses Vogels als das Lachen eines sehr alten Mannes beschrieben. Wenn der Kleiber seine Arbeit unterbricht, um Sie zu inspizieren, könnte er plötzlich zu dem Schluss kommen, dass Sie seiner Aufmerksamkeit nicht mehr würdig sind. Mit einem harschen kleinen „Ruck-Ruck" wird er dann seine Insektenjagd fortsetzen und Sie über seine Taten staunen lassen.

Der Weißbrustkleiber – 6 Zoll

DER SINGERSPARZ

Der Singsperling ist Mitglied einer sehr großen Familie. Seine nahen Verwandten sind in vielen Regionen der Erde zu finden. Im Winter, Herbst und Frühling ist er bei uns, um seine Art zu vertreten, und er ist mit seiner guten Laune und seinem immer bereiten Gesang ein hervorragender Vertreter.

FELDMARKIERUNGEN: Die rotbraune Linie hinter dem Auge des Singsperlings, kombiniert mit dem winzigen schwarzen und braunen Fleck auf seiner Brust, sind zwei Markierungen, anhand derer der Vogel identifiziert werden kann. Der größere Farbfleck auf der Brust befindet sich in der Mitte des „Spritzers".

LIED: Dieser Sparrow ist ein Musiker mit hervorragenden Fähigkeiten. Die Anrufnotiz ist nur ein metallischer „ *Chip* ". Das Homing-Lied verdient die Aufmerksamkeit eines jeden, der gerne im Freien gute Musik hört. Es gibt kein einzelnes Lied, sondern eine Kombination von Liedern, die von Zeit zu Zeit variiert werden. Der Beginn des Liedes besteht normalerweise aus drei anhaltenden Einleitungsnoten. Die folgenden Töne steigen in schneller Folge an und sind von rein musikalischer Qualität. Die Melodie ist eine fröhliche, einfache Melodie.

NEST: Das Nest des Singsperlings wird entweder auf dem Boden oder in Büschen gebaut. Es besteht aus groben Gräsern, Wurzeln, abgestorbenen Blättern, Rindenstreifen und ähnlichen Materialien. Die Eier, vier oder fünf an der Zahl, sind bläulich weiß mit bräunlichen Markierungen, die oft so zahlreich sind, dass sie die Grundfarbe verdecken.

NAHRUNG: Die Nahrung des Singsperlings besteht größtenteils aus den Samen schädlicher Unkräuter. Es ernährt sich auch von Insekten wie Ameisen, Käfern und Rüsselkäfern. Der Schnabel dieses Spatzen ist vergleichsweise groß und kräftig. Es ist gut geeignet, große Samenkapseln zu öffnen, um an den darin enthaltenen Kern zu gelangen und ihn zu fressen.

Henry Van Dyke hat ein kleines Gedicht über den Singsperling geschrieben. Die erste Strophe des Gedichts aus „Builders and Other Poems" ist hier wiedergegeben:

Es gibt einen Vogel, den ich so gut kenne,

Es scheint, als hätte er gesungen

Als ich jung war, neben meinem Kinderbett;

Bevor ich wusste, wie man buchstabiert

   Der Name selbst des kleinsten Vogels,

   Sein sanftes, fröhliches Lied hörte ich.

Jetzt sehen Sie, ob Sie es erkennen können, mein Lieber,

Was für ein Vogel ist das jedes Jahr,

Singt: „Süß-süß-süß, sehr fröhliche Fröhlichkeit.“

Der Singsperling – 6¼ Zoll

KAUZ

Dieser kleine ständige Bewohner ist in den Randgebieten der Städte weit verbreitet. Ihm scheint die Gesellschaft der Menschen am Herzen zu liegen. Sehr oft findet man ihn eher in der Nähe menschlicher Behausungen als weit draußen im Wald. Warum wir diesen Vogel „Kreischeule" nennen sollten, ist ein Rätsel. Die Eule hat eine zitternde, zitternde Stimme, die keineswegs an ein „Kreischen" erinnert. Vielleicht ist der Name aus Europa zu uns gekommen. Auf jeden Fall passt es nicht zu unserer kleinen Eule.

NAHRUNG: Manchmal stoßen wir bei Spaziergängen im Freien auf kleine, graue Kügelchen aus Haaren und winzigen Knochen. Sehr oft wurden diese von der Kreischeule ausgeworfen, die das Fleisch ihrer Beute verdauen kann, nicht aber das Skelett und die äußere Hülle. Dieser nützliche Nachtflieger ernährt sich von Mäusen und anderen Lebewesen. Sein scharfer, hakenförmiger Schnabel ist dazu geeignet, Nahrung zu zerreißen, und seine ziemlich langen und spitzen kleinen Krallen sind beim Greifen von großem Nutzen.

FARBE: Es gibt zwei Farbphasen der Kreischeule. Das eine ist eine Mischung aus gesprenkeltem Rotbraun und das andere ein bräunlicher Grauton mit einem Hauch von Schwarz. Diese beiden Phasen haben weder mit Geschlecht, Alter noch Jahreszeit etwas zu tun.

„ OHREN: " Die beiden kleinen Büschel, eines auf jeder Seite des Kopfes, sind überhaupt keine Ohren. Es sind lediglich Federn. Sie könnten durchaus dazu dienen, diesen Vogel von der Akadischen Eule oder der Sägekauz zu unterscheiden, die überhaupt nicht häufig vorkommt.

NEST: Das Nest der Kreischeule wird oft in einem Loch in einem hohlen Baum platziert. Die reinweißen Eier, etwa fünf bis sechs, werden im April gelegt.

Wenn die Nacht kommt, singt der Peitschenarme Wille:

Die Eule segelt mit lautlosen Flügeln davon

Nach Mäusen und anderen Dingen suchen;

Und ich gehe nach Hause ins Bett.

Kauz

DIE KINGLETS

In diesem Teil des Landes gibt es zwei Arten von Kinglets: die Goldkronen- und die Rubinkönigs-Kinglets. Beide Familienmitglieder sind wunderschöne kleine Vögel, die uns im Herbst besuchen und im Frühling abfliegen. In den wärmeren Monaten sind sie nicht bei uns. In der kältesten Zeit des Jahres kann man diese kleinen, ruhelosen Wanderer zwischen den Bäumen sehen und hören. Mit Ausnahme des Kolibri und des Winterzaunkönigs sind die Kinglets die kleinsten Vögel, die wir haben.

DAS MIT RUBIN GEKRÖNTE KÖNIGSKIND

Der männliche Vogel ist an dem teilweise verborgenen winzigen roten Kamm zu erkennen, den der Vogel häufig aufrichtet.

DAS GOLDGEKRÖNTE KÖNIGSKIND

Ein goldenes Wappen kennzeichnet diesen Cousin des Rubingekrönten. Auf dem Kopf ist oft außer dem gleichmäßigen olivfarbenen oder grünlichen Schimmer keine Farbe sichtbar. Wenn der Vogel jedoch aufgeregt ist, wird der Kamm angehoben und dann ist die Farbe der Krone sehr gut zu erkennen.

GEWOHNHEITEN: Die Kinglets sind freundliche Vögel, die oft sehr nahe kommen . Sie scheinen viel zahmer zu sein als die Grasmücken.

NAHRUNG: Eine ständige Suche nach winzigen Insekten beschäftigt die Zeit der Kinglets.

LIED: Die Ruby-Krone ist die überlegene Sängerin der beiden. Sein Lied besteht aus einem lauten, klaren Triller, das hier und da von einem Zaunkönig-Geschwätz unterbrochen wird. Das Lied der Goldenen Krone kann als „ tzze , tzze , tzze , tzze , ti , ti , tir , ttt-" ausgedrückt werden. Der Rufton ist ein extrem hohes „ Ti-Ti ".

NEST: Die rundlichen Nester der Kinglets bestehen aus Moos, dünnen Streifen innerer Rinde, Federn und anderen ähnlichen Materialien. Diese Nester werden in immergrünen Bäumen gebaut und manchmal bis zu 60 Fuß über dem Boden platziert.

Rubinkronen-Kinglet – 4¼ Zoll

ROBIN

Unser einheimischer Rotkehlchen ist nicht eng mit dem Vogel verwandt, den die Engländer „Robin Redbreast" nennen. Er ist eher ein Verwandter der Drossel und der Drossel. Bevor die Jungen des Rotkehlchens das Nest verlassen, sind ihre Brüste gesprenkelt, ebenso wie die Brüste der Drosseln. Nach der ersten Mauser verschwindet diese Markierung. Einige der Robins sind das ganze Jahr über bei uns. Allerdings bleiben nur die robustesten von ihnen im Winter. Die Mehrheit reist in wärmere Klimazonen. Diejenigen, die aus dem Süden zu uns kommen, kommen etwa am ersten März an und reisen gegen Ende Oktober ab.

LIED:

„Bei Sonnenschein und Regen

Ich höre das Rotkehlchen auf der Gasse

Singen. 'Fröhlich,

Kopf hoch, Kopf hoch;

Fröhlich, fröhlich, fröhlich, Kopf hoch'."

Ein Autor in „A Masque of Poets" hat den Jubel in Robins Lied sehr gut beschrieben. Robin-Musik hat echte Melodie und Ausdruck. Tatsächlich gibt es nur sehr wenige unserer Vögel, die über einen so großen Wortschatz oder so viele Ausdrucksnoten verfügen wie dieser bekannte Vogel.

NEST: Das Nest des Rotkehlchens besteht aus Gräsern, Wurzeln und Blättern. Der Innenraum ist gut ausgekleidet oder mit einer Lehmschicht verputzt. Eine weitere Schicht aus feinem Gras bildet das Bett, auf dem die grünblauen Eier abgelegt werden. Die Anzahl dieser Eier liegt zwischen drei und fünf. Rotkehlchen gründen oft jedes Jahr zwei Familien. Die Jungen der ersten Brut verlassen das Nest gegen den 1. Juli.

NAHRUNG: Im Juni und Juli ernähren sich Rotkehlchen teilweise von Beeren und ähnlichen Früchten. Der geringe Schaden, den sie auf diese Weise möglicherweise anrichten, wird jedoch durch das Gute, das im Rest des Jahres entsteht, bei weitem ausgeglichen. Die Rotkehlchen sind Insektensammler. Sie fressen große Mengen Käfer und deren Larven, Heuschrecken, Grillen, Ameisen und andere Pflanzenschädlinge. Einer der komischsten Anblicke beim Vogelfüttern ist der Anblick eines großen, runden, gesunden Rotkehlchens, das darum kämpft, einen widerspenstigen, ebenso gesunden Regenwurm aus seinem Erdloch zu ziehen. Oft bricht der Wurm in zwei Teile und das Rotkehlchen fällt plötzlich und völlig unerwartet nach hinten. Der Rotkehlchen scheint auf den Wurm zu „lauschen", wenn er am frühen Morgen über den Rasen läuft und hüpft.

LIED: Das Lied des Rotkehlchens im zeitigen Frühling sagt uns, dass warmes Wetter nicht mehr weit ist. Wir suchen nach seiner ziegelroten Brust und beobachten ihn, wie er durch unsere Rasenflächen und Gärten frisst.

Der Robin – 10 Zoll

Die Rotflügelamsel

Anfang März trifft das Männchen der Rotdrossel ein. Erst zwei oder drei Wochen später kommt das Weibchen aus dem Süden, um sich seiner Gesellschaft anzuschließen und über die Rohrkolben des Sumpfes zu segeln. Wenn der August vorbei ist, sind die erwachsenen Amseln selten zu sehen. Im Juli versammeln sich Jung- und Altvögel in großen Schwärmen, um sich auf die Reise nach Süden vorzubereiten. Rotschulterstärlinge aus weiter nördlich gelegenen Gebieten können noch im Oktober gesichtet werden.

ZEICHNUNG: Das Männchen der Rotschulterstärling ist von makellos glänzendem Schwarz und hat Schulterflecken oder Schulterklappen in leuchtendem Scharlachrot mit goldenem Rand. Sein Partner sieht nüchterner aus – mit dezenten braunen Streifen.

LIED: Henry D. Thoreau beschrieb das Lied der Amsel als „ *Chonk-a- ree* ". Diese kostenlosen, wahrhaft sprudelnden Noten werden immer wieder gegeben, wenn die Vögel im Frühling ihren alltäglichen Aufgaben nachgehen. Die Ankunft der Weibchen ist jedoch möglicherweise das Signal für die größte Gesangsanstrengung der Männchen. Besonders zu dieser Zeit ist das Marschland ziemlich lebendig mit dem satten, schilfartigen Lied, das sich wiederholt : „ *Conk-a- ree* " – „ *Conk-a- ree* " – „ *Conk-a- ree* "!

NEST: Das Nest dieses Vogels ist aus Gräsern, Unkrautstängeln und Wurzeln geflochten. Manchmal ist es in einer freundlichen, kompakten Masse aus Katzenschwänzen gebaut, und andere Nester sind in niedrigen Büschen oder Büscheln zu sehen. Diese Rotdrosseln heißen Besucher an ihren Nistplätzen nicht willkommen. Sie erheben sehr energische Einwände, und in ihrem Versuch, den Eindringling, sei es ein Vogel, ein Tier oder ein Mensch, zu vertreiben, fliegen sie ganz nah heran und schimpfen dabei in rauem Ton.

EIER: Die Eier der Amseln sind in ihrer Zeichnung wirklich ungewöhnlich. Sie haben einen blassblauen Grund bzw. eine blassblaue Grundfarbe und werden oft mit einem dunklen Lila oder Schwarz überkritzelt. Sie scheinen von einem Vogel betreten worden zu sein, der seine Zehen zunächst in eine Flasche Tinte getaucht hat. Die Anzahl dieser Eier liegt zwischen drei und fünf.

Die Rotschulterstärling – 9½ Zoll

BALTIMORE-ORIOLE

„Wie kommt es, Oriole, du bist gekommen, um zu fliegen?

In tropischer Pracht über unserem nördlichen Himmel?"

Diese Frage stellt Edgar Fawcett in seinem Gedicht. Wer ist da, der ihm antworten könnte? Der Baltimore Oriole kommt Anfang Mai zu uns und bleibt bis etwa zum ersten September. Dieser Vogel, manchmal auch Golden Robin genannt, ist ein Namensgeber von George Calvert oder Lord Baltimore, dem ersten Besitzer von Maryland. Tatsächlich wirkt er „golden", wenn er zwischen grünen Blättern umherblitzt. Allerdings ist er eher mit den Amseln als mit den Rotkehlchen verwandt.

FARBEN: Die leuchtend orangefarbenen und schwarzen Federn des Pirols sind das Erkennungsmerkmal des Vogels. Kopf, Schultern und Nacken sowie der obere Teil des Rückens sind von glänzendem Schwarz. Die Brust hat eine leuchtend orange, manchmal fast goldene Farbe.

LIED: Ein lauter, manchmal kühner Pfiff aus der Spitze einer weitläufigen Ulme kündigt oft die Anwesenheit des Baltimore Oriole an. Er ist ein guter Sänger mit beachtlichem Können. Sein Lied zeichnet sich durch einen Reichtum aus, der seinen Bemühungen eine wahrhaft musikalische Qualität verleiht.

Derselbe Dichter fragt weiter:

„In einem glücklichen Moment war es die Wahl und der Charme der Natur

Ein Stück Sonnenuntergang mit einer Stimme verschenken?"

NEST: Das schöne hängende Nest des Baltimore Oriole wird oft am Ende des Astes eines schattenspendenden Baumes aufgehängt, wo es bei jeder vorbeiziehenden Brise schwankt. Es besteht aus Haaren, Schnüren, Gräsern, Rindenfutter und anderen ähnlichen Materialien, die alle mit größtem Geschick eng miteinander verwoben sind. Die Eier, vier bis sechs an der Zahl, haben eine weiße Farbe und sind mit welligen schwärzlichen Linien und Flecken versehen. Es ist bekannt, dass dieser Vogel Garn, Schnüre und sogar Stoffstreifen sehr gut nutzt, indem er sie dort platziert, wo sie leicht gefunden und in das Nest eingewebt

werden können. Es wurden einige Nester gefunden, die fast
ausschließlich aus Schnüren bestanden.

Der Baltimore Oriole – 7½ Zoll

SCHEIBENDER SPATZ

Die gesellige Persönlichkeit des Splittersperlings ermöglicht dem Vogelschüler eine enge Bekanntschaft mit ihm. Er ist ein kleiner Vogel mit bescheidenen Gewohnheiten, der sein Vertrauen in die Menschheit dadurch zeigt, dass er ganz in der Nähe der Häuser der Menschen lebt. Anfang April kommt „Chippy". Er reist etwa am ersten November in den Süden.

LIED: „ *Chippy – Chippy – Chippy* " ist alles, was dieser kleine Spatz zu sagen hat. Sicherlich ist dies kein besonders attraktives Lied, und doch passt es sehr gut zum bescheidenen Wesen des Vogels. Man kann es kaum als Lied bezeichnen. Es ist eine extrem hohe Note mit sehr geringer musikalischer Qualität. Dennoch scheinen die Lieder, so eintönig sie auch sein mögen, eine besonders freundliche Ausstrahlung zu haben, die mitunter sehr willkommen ist.

NAHRUNG: Schädliche Insekten werden von den Splittersperlingen in großen Mengen gefressen. Käfer, Heuschrecken und andere ähnliche Insekten sind die Beute dieses Vogels. Den Rest der Ernährung bilden viele verschiedene Samenarten. „Chippy" nimmt die menschliche Gastfreundschaft bereitwillig an, wenn Krümel verstreut werden, vorausgesetzt natürlich, dass der Englische Spatz nicht zuerst an der Futterstation ankommt.

NEST: Das Nest des Splittersperlings wird in Büschen, Sträuchern, Bäumen oder in den alten Weinreben gebaut, die um Landhäuser herum wachsen. Das Nest ist mit langen Haaren ausgekleidet. Man fragt sich oft, wo der Vogel so viele davon findet. Für den Hauptbau des Hauses werden Gras und feine Zweige verwendet.

BEMERKUNGEN: Der kleine kastanienbraune Hut des Chipping Sparrow ist vielleicht sein auffälligstes Zeichen. Daran und an seiner geringen Größe kann man ihn leicht erkennen. Er wird manchmal der „kleinste" Spatz genannt. Wie einige andere Mitglieder der Sparrow-Familie wacht er manchmal mitten in der Nacht auf und fängt an zu singen.

Der Chipping Sparrow oder „Chippy" – 5¼ Zoll

DIE WIESENLERCHE

Dieser Feldvogel kann in jedem Monat des Jahres beobachtet werden. Nach einem Spaziergang durch die Gräser kann es plötzlich auffliegen und an den auffälligen weißen äußeren Schwanzfedern, die im Sonnenlicht blinken, erkennbar sein.

FELDMARKIERUNGEN: Der schwarze Halbmond auf der gelben Brust der Wiesenlerche ist eine schöne Feldmarkierung. Am frühen Morgen, wenn die aufgehende Sonne auf die offenen Wiesen scheint, scheint dieser leuchtend gelbe Fleck selbst ein reflektierter Punkt aus goldenem Licht zu sein. Im Winter überzieht ein bräunlicher Ton, der eher an die getrockneten Sumpfgräser erinnert, das Gefieder.

NAHRUNG: Insekten bilden den Hauptnahrungsbestandteil dieses Hüters der Heufelder. Sauwanzen, Rüsselkäfer, Heuschrecken, Zecken, Pflanzenläuse und andere Feinde des Landwirts fallen dem spitzen, suchenden Schnabel zum Opfer.

NEST: Das schöne kleine Nest, manchmal gewölbt, ist aus trockenem Gras gebaut. Es liegt versteckt auf dem Boden und trotzt oft den schärfsten Augen von Falken und Menschen. Die Eier sind weiß, gesprenkelt und rotbraun gefärbt. Ihre Zahl kann zwischen vier und sechs liegen.

LIED: Die Musik dieses Erdvogels ist etwas traurig. Eine undeutliche Pfeife, die im Frühling und Frühsommer aus dem Gras aufsteigt, erzählt vom Versteck der Wiesenlerche und singt in einer klagenden Moll-Tonart. Manchmal kommt dieses Lied aus der Luft. Seine klaren Töne sind das ganze Jahr über zu hören.

Frühling des Jahres

Das Lied der Wiesenlerche ist „Frühling des Jahres"

Als er über Heufelder fliegt;

Er besingt seine Mühe und nicht den Jubel

Das liegt in einem weit entfernten Land.

ANMERKUNGEN: Die schützende Färbung der Wiesenlerche ist für den Vogel eine große Hilfe. Die sanften Braun- und Grundfarben helfen ihm dabei, Feinden wie Falken und anderen Jagdtieren zu entkommen. Für einen hochfliegenden Greifvogel scheint die Wiesenlerche nur ein Teil des Bodens zu sein, auf dem sie läuft.

Die Wiesenlerche – 10¾ Zoll

DER BLAUE Eichelhäher

Der Blauhäher ist eng mit der Krähe verwandt. Er zeigt diese Beziehung auf verschiedene Weise. Er ist sehr intelligent, hat einen ausgeprägten Sinn für Humor und ist ein Beobachter von Vögeln und Menschen. Das ganze Jahr über macht er sich bei uns durch sein auffälliges Gefieder, seine laute Stimme und seinen aktiven Körper bemerkbar. Während der Brutzeit ist er jedoch vergleichsweise ruhig und wir sehen wenig von ihm.

NAHRUNG: Acht bis neun Monate im Jahr verdient der Blauhäher seinen Lebensunterhalt. Er frisst viele schädliche Insekten, Frösche, Schnecken und sogar kleine Fische und Mäuse. In der Brutzeit wird der Eichelhäher jedoch manchmal zum Räuber und es ist bekannt, dass er anderen Vögeln die Jungen stiehlt. Dennoch ist der Eichelhäher ein sympathisches Geschöpf, und vermutlich war er, bevor die Menschen ihn störten, für andere Vögel nicht ganz so störend wie heute.

LIED: Der deutlich gepfiffene Ton dieses Vogels verkündet den Namen *Jay!— Jay!— Jay!* in lauten, harten, klingenden Tönen. Manchmal ist das Lied recht gefällig und hat eine glockenartige Qualität. Manche denken, wenn der Jay anruft, sagt er *Dieb! Dieb! Dieb!*

NEST: Der Blauhäher baut sein Nest oft in einer bequemen Astgabel eines Baumes. Es besteht aus ziemlich stark miteinander verflochtenen Zweigen. Das Futter besteht aus Blättchen. Das Innere des Nestes ist keineswegs weich. Die Zahl der blass olivbraunen oder grünen Eier mit bräunlichen Sprenkeln beträgt vier bis sechs.

BEMERKUNGEN: Es ist die Winterzeit, in der wir den Eichelhäher in Bewegung erleben. Wenn der Schnee auf dem Boden liegt und die Wälder und Felder ruhig sind, scheint es eine schöne Sache zu sein, einen leuchtend bläulichen Vogel durch die Zweige huschen zu sehen, der immer wieder ruft und der Natur eine ganz andere Atmosphäre verleiht. Da er so etwas wie ein Nachahmer ist, hat er manchmal Freude daran, die Lieder von Vögeln wie dem Rotschulterbussard und andere Lieder mit ähnlichem Klang nachzuahmen. Er wurde als Verdammter bezeichnet, aber wer schätzt trotz seiner schlechten Gewohnheiten nicht seine Lebhaftigkeit und seine stets aktive Persönlichkeit?

Der Bluejay – 11½ Zoll

Flaumspecht

Dieses kleine Mitglied der Woodpecker-Familie ist ein ständiger Bewohner bei uns. Das ganze Jahr über ist er eifrig mit seiner Lebensaufgabe beschäftigt, die in der ständigen Suche nach Nahrung besteht. Der Flaumspecht unterscheidet sich vom Haarspecht vor allem durch seine geringere Größe und die schwarzen, gesäumten äußeren Schwanzfedern.

NAHRUNG: Die Nahrung fast aller Spechte besteht aus Insektenmaterial, das sich auf oder in der Rinde von Bäumen befindet. Wenn der Falsche Specht nach Nahrung sucht, kann man ihn daher auf den Baumstämmen oder sogar hängend unter Ästen beobachten, wie er dort pickt, ausgräbt und gräbt. Es würde eine lange Liste erfordern, die schädlichen Insekten zu benennen, die die Nahrung dieses Spechts bilden. „Jeder Schlag, mit dem er an die Tür eines Insektenverstecks klopft, klingt wie ein Knall des Untergangs. Er durchbohrt die Rinde mit seinem Schnabel, dann zieht er mit seiner stacheligen Zunge ein Insekt hervor und klopft dann einen letzten Ruf an die Tür des nächsten in der Reihe.“

NEST: Der Falsche Specht baut sein eigenes Zuhause. Er benutzt seinen Schnabel als Meißel und Spitzhacke und gräbt an einem hohlen Baumstumpf herum, indem er ein hübsches kleines rundes Loch macht, das zu einer Höhle führt, in die die weißen Eier gelegt werden. Als Unterlage für diese Eier verwendet der Specht ein paar weiche Chips. Dieselben Löcher werden in der nächsten Saison oft von einem kleinen Chickadee genutzt, der nur allzu gerne seine Gelegenheit nutzt.

LIED: DER Falsche Specht kann nicht nur auf einen hohlen Baumstumpf klopfen oder trommeln und dabei Geräusche wie ein kleiner Trommler machen, sondern auch eine Art Lied. Die Noten sind eher geschäftsmäßig und kommen fleißig durch den Wald, – in schneller Folge – *guck-guck-guck!* Manchmal, besonders wenn sie unterbrochen werden, klingen die Noten wie *„chink-chink-chink“*!

BEMERKUNGEN: Im Winter führt der Falsche Specht ein eher einsames Leben, indem er im Wald umherfliegt, hier und da sucht, hin und wieder ruft und geduldig auf die Rückkehr des Frühlings wartet. Im Frühjahr jedoch, wenn die

Paarungszeit wieder beginnt, zeigt der Flaum neues Interesse am Leben, wird aktiver und zeigt sich im Allgemeinen sehr wohl darüber, dass er bald mit der Arbeit an seinem neuen Zuhause rechnen muss. Es ist zu diesem Zeitpunkt, dass die Anrufnotiz *Peek-Peek-Peek!* kommt schärfer denn je.

Flaumspecht – 6 Zoll

DER STAR

Wie der Englische Sperling ist auch der Star zu einem eingebürgerten amerikanischen Staatsbürger geworden. Er wurde 1890 aus Europa eingeführt, als sechzig seiner Art im Central Park in New York City freigelassen wurden. Er ist überall dort, wo er sich ausgebreitet hat, ein sehr ständiger Bewohner, und da er häufig einheimische oder heimische Vögel verdrängt, ist er etwas anstößig.

LIED: Das Lied des Stares hat viele attraktive Töne. Die Pfeifen werden vor allem von Stadtbewohnern geschätzt, die selten den Gesang begabterer Vögel hören. Ein unbeschreibliches Durcheinander von Noten prägt das weitere musikalische Schaffen des Starling. William H. Hudson hat eine sehr gute Beschreibung des Gesangs dieses Vogels geschrieben : „ Sein Verdienst liegt weniger in der Qualität der Laute, die er von sich gibt, als vielmehr in ihrer endlosen Vielfalt." In gemächlicher Weise redet er manchmal eine Stunde lang weiter, pfeift und trillert dabei sehr angenehm und vermischt seine feineren Töne mit Geschwätz , Quietschen und Geräuschen, als würden sie mit den Fingern schnippen."

NEST: Der Star baut in Gebäudespalten, in hohlen Bäumen oder in Vogelhäuschen, die für andere Vögel errichtet wurden. Das Nistmaterial besteht aus Gräsern, Stroh, Zweigen und anderem verfügbaren Material. Die Eier, vier bis sechs an der Zahl, haben eine blassbläuliche Farbe.

NAHRUNG: Der Star frisst eine große Anzahl von Insekten. Kulturkirschen erfreuen sich leider auch großer Beliebtheit bei den Vögeln, die sich während der Brutzeit häufig von ihnen ernähren.

BEMERKUNGEN: Das Gefieder des männlichen Stares ist sehr schön. Im Frühling und Sommer hat es eine schillernde , metallische Farbe. Im Winter verdeckt ein bräunliches Grau die leuchtenderen Farben. Der Schnabel des Vogels ist im Sommer gelb, im Winter jedoch dunkelhornfarben.

Star – 8½ Zoll

JUNCO

Der schieferfarbene Junco kommt aus dem Norden, um den Winter in einem gemäßigteren Klima zu verbringen. Man könnte ihn Ende September zum ersten Mal sehen. Die Abreise in den Norden erfolgt etwa am 1. Mai. Sie sind auf jeden Fall willkommene Besucher, denn sie kommen, wenn die meisten unserer kleineren Vögel weiter nach Süden gezogen sind. In kleinen Schwärmen hüpfen und fliegen diese dicken kleinen Vögel hier und da über den Schnee und suchen nach Unkrautsamen und anderen Nahrungsmitteln.

LIED: Die Noten, die man häufiger hört, sind scharfe kleine „ *Tsips* “, die eher als Rufnote denn als Lied gegeben werden. Die wahre Musik oder das reguläre Lied des Junco ist ein ausgesprochen musikalischer Triller. Wenn die Vögel gestört werden, stoßen sie manchmal ein kurzes „ *Schmatz!* “ *aus.* “ und an einen anderen Ort fliegen, wo sie bei ihrer Jagd ungestört sein können.

MERKMALE: Der Junco ist ein sehr gepflegter kleiner Vogel mit einem etwas stilvollen Aussehen. Er ist ziemlich rundlich und hat über und auf der Kehle eine hübsche schieferfarbene Decke in „Latz“-Formation. Der Bauch ist weiß. Zwei sehr auffällige weiße äußere Schwanzfedern sind das auffälligste Erkennungszeichen.

BILL: Dieser Vogel gehört zur Sparrow-Familie. Er hat einen dicken, spitzen kleinen Schnabel, der beim Zerkleinern von Samen von großem Nutzen ist. Wenn die Sonne direkt durch diesen Schnabel scheint, zeigt sich ein fleischfarbenes Rosa.

NEST: Der Junco nistet vom Norden New Yorks und Neuenglands nach Norden. Das Nest besteht aus feinen Wurzeln, Gräsern und Moos, die auf dem Boden oder direkt darüber in kleinen Büschen verflochten und gebaut und mit Haaren ausgekleidet sind.

BEMERKUNGEN: Die Geselligkeit des Junco ist vor allem dafür verantwortlich, dass er im Winter in kleinen Schwärmen unterwegs ist. Krümel und ähnliches Futter werden von diesem Vogel sehr geschätzt, der bei ausreichender Einladung oft ganz in die Nähe menschlicher Behausungen kommt. Das Aufblitzen von Weiß und Grau ist ein willkommener Anblick, wenn eine kleine Gruppe dieser

Vögel in den Garten fliegt, wenn die Wolken darüber schwer und grau sind und der Schnee hereinbricht. Gerade jetzt schätzen wir ihre Gesellschaft am meisten.

Der Junco – 6¾ Zoll

DER ENGLISCHE SPATZ

Der Englische Spatz wird am häufigsten als Schädling bezeichnet. Es ist in mehr als einer Hinsicht ein ständiger Wohnsitz. Der kleine Vogel wurde erstmals 1851 und 1852 in Brooklyn, New York, eingeführt. In den ersten etwa 20 Jahren war es hauptsächlich auf die größeren Städte im Osten beschränkt. Aufgrund der raschen Vermehrung des Vogels hat er sich jedoch in allen Staaten der Union ausgebreitet und sich als wirklich große Plage erwiesen. Einheimische Vögel wurden aus ihren Häusern vertrieben und einem Großteil ihrer Nahrung und vielen ihrer Nistplätze beraubt.

LIED: Der englische Spatz hat kein richtiges Lied, sondern begnügt sich damit, *Chirp – Chirp – Chirp – Chirp zu rufen!* wieder und wieder. Manchmal wird der robuste kleine Spatz in größeren Städten wie New York, weit weg von den Parks, in denen sich wahrscheinlich keine anderen Vögel aufhalten würden, von den Kindern willkommen geheißen, für die das Vogelleben ohne ihn ein Buch mit sieben Siegeln wäre. So entsteht das *Zwitschern-Zwitschern-Zwitschern!* ist nicht überall unwillkommen.

NEST: Dr. Frank M. Chapman hat gesagt, dass der Englische Spatz sein Nest aus jedem verfügbaren Material an jedem verfügbaren Ort baut. Hinter Fensterläden, in Dachrinnen und Dachrinnen, unter Dächern, in Baumhöhlen und an fast jedem erdenklichen Ort ist dieser Vogel zu Hause. Die Anzahl der vier bis sieben Eier variiert stark in der Färbung. Manchmal sind sie schlicht weiß, manchmal fast vollständig olivbraun gefärbt. Sie sind oft mit Oliven markiert.

BEMERKUNGEN: Obwohl dieser kleine Vogel wirklich eine Plage ist, scheint es eine Schande, ihn zu hart zu kritisieren. Schließlich ist es nicht seine Schuld, dass er in ein Land gebracht wurde, dessen Klima und allgemeine Lebensbedingungen genau seinen Wünschen entsprachen. Er gedieh gut, weil sich sein angenommener Lebensraum als ideal erwiesen hat. Verwechseln wir diesen Vogel auf keinen Fall mit unseren echten einheimischen Spatzen, deren Gewohnheiten sich so völlig von denen dieses kleinen englischen Kolonisten unterscheiden. Die Namen einiger unserer nordamerikanischen Vögel derselben Familie sind der Feldsperling, der Singsperling, der Vespersperling und viele andere, deren Leben leider nicht annähernd so gut bekannt ist.

Der englische Spatz

SCHARLACHROTER TANAGER

Die Tanager überwintern nördlich der mexikanischen Grenze nicht. Im Sommer kommen in den Vereinigten Staaten vier Arten vor, von denen nur zwei in diesem Teil des Landes leben. Die Scharlachrote Tanager ist eine der häufigsten Arten. Er kommt Anfang Mai an und reist Anfang Oktober ab. Diese wunderschönen Vögel sieht man nicht oft, es sei denn, wir schauen in die Bäume. Der männliche Vogel mit seinen wirklich verblüffenden Farben ist ein unvergesslicher Anblick. Die Flügel und der Schwanz sind pechschwarz und der Rest des Körpers ist bemerkenswert scharlachrot. Das Weibchen ist dezenter mit Oliv markiert.

GESANG: Der Gesang des Scharlachroten Tanagers ähnelt dem eines Rotkehlchens, ist aber viel kehliger oder schwungvoller – so dass man an einen Rotkehlchen denken kann, der mit einer Erkältung in der Mundhöhle singt. John Burroughs hat sie als „stolze, wunderschöne Sorte" bezeichnet. Die Töne haben eine wirklich „stolze" Qualität und drücken gut die Gefühle von jemandem aus, der gerne müßig im Wald liegen möchte, um die Zufriedenheit und den Frieden eines warmen Frühlingstages in vollen Zügen zu genießen. Sie erinnern an die Stille einer *müden* Hummel, die sich nach einem anstrengenden Arbeitstag summend auf den Heimweg macht. Die Anrufnotiz wurde als „ *Chip-churr – chip-churr* " dargestellt.

NEST: Das Nest dieses Vogels besteht aus Stängeln, Wurzeln und Rindenstreifen. Es ist manchmal ziemlich locker gebaut und wird auf den ausladenden Ast eines Baumes platziert, der manchmal bis zu zwölf Fuß hoch ist. Die Eier, von denen es drei bis fünf gibt, sind grünlich-blau mit kastanienbraunen Flecken.

NAHRUNG: Die Scharlachrote Tanager vernichtet zahlreiche Schadinsekten und ist daher ein sehr nützlicher Vogel. Schnellkäfer, Schnaken, Rüsselkäfer und zahlreiche Raupen bilden einen großen Teil seiner Ernährung. Der Tanager frisst auch pflanzliche Nahrung wie kleine Früchte, Beeren und Samen von Pflanzen, von denen die meisten wild sind.

BEMERKUNGEN: Die männliche Sommertange, eine andere Art, ist oben mattrot und unten zinnoberrot. Das Weibchen dieser Verwandten der Scharlachroten Tanager ist oben gelbgrün und auf der Unterseite mattgelb.

Diese Tangaren haben ein wahrhaft tropisches Aussehen. Es sind lebhafte Farbtupfer, die unseren nördlichen Wäldern irgendwie fremd zu sein scheinen.

Der Scharlachrote Tanager – 7½ Zoll

ROTAUGIGER VIREO

Mit Ausnahme des Katzenvogels ist der Rotäugige Vireo der gesprächigste Vogel, den wir kennen. Zum ersten Mal ist er Ende April zu sehen. Wenn der Oktober gekommen ist, wandert das Rote Auge südwärts. An den warmen Frühlings- und Sommertagen singt und singt dieser ausdauernde kleine Vogel. Herr Wilson Flagg hat ihn „The Preacher Bird" genannt. Dieser Titel ist in der Tat wohlverdient, denn er scheint immer wieder zu sagen : „ Du siehst mich – ich sehe dich – hörst du mich?" Glauben Sie mir?"

NEST: Das hängende Nest des Rotäugigen Vireo hängt an einer Astgabel. Es besteht aus kleinen Stücken toten Holzes, Pflanzendaunen, Papier und Streifen dünner Rinde, die alle sorgfältig miteinander verflochten sind, um einen winzigen Vogelkorb zu bilden. Die Eier, drei bis vier an der Zahl, sind weiß mit einigen braunen oder umbrafarbenen Flecken am größeren Ende. Häufig lässt der Cowbird sein Ei im Nest dieses kleinen Vogels. Dieses Gedicht von Faith C. Lee in *Bird-Lore* gibt die Meinung einer Person über den Cowbird wieder.

Rotäugiger Vireo

„Wenn man über sich ist, hört man einen Vogel

Wer redet, oder besser gesagt, plaudert,

Von all den neuesten Waldnachrichten,

Und andere triviale Dinge,

Wer ist so nett, so sehr nett,

Sie kann nie nein sagen.

Und so der fiese Cowbird

Lässt ein Ei in ihre Reihe fallen

Von sauberen weißen Eiern. Dann seht sie,

Der rotäugige Vireo!"

MARKIERUNGEN: Die hübsche kleine Krone des Rotäugigen Vireo ist von grauer Farbe und wird auf beiden Seiten von einem hübschen kleinen schwarzen Band begrenzt. Das

Auge des Vogels ist ziegelrot mit einer weißen Linie direkt darüber.

NAHRUNG: Obwohl dieser Vogel nicht zur Familie der Waldsänger gehört, sind seine Gewohnheiten einigermaßen ähnlich. Insektenfutter findet sich in Bäumen, Sträuchern und Büschen.

Mabel Osgood Wright hat den Rotäugigen Vireo als Vogel des Mittags bezeichnet. In ihrem neunstrophigen Kindergedicht mit dem Titel „Die Vögel und die Stunden" sagt sie:

Der Rotäugige Vireo – 6 Zoll

Mittag

„Wer ist der Vogel des mittleren Tages?

Der grünflügelige, rotäugige Vireo-Schwule,

Der redet und predigt und doch den Blick behält

Auf jeden Fremden, der vorbeikommt."

Es ist bekannt, dass der Rotauge so zahm wird, dass man einem Vogel auf dem Rücken streichelt, während er auf dem Nest sitzt.

DER STIEGEL

Einer der fröhlichsten Vögel unter den vielen Vögeln ist der Stieglitz oder „Wilder Kanarienvogel", wie er manchmal genannt wird. Wenn der Winter mit seiner beißenden Kälte und dem dicken Schnee kommt, finden wir immer noch diesen fröhlichen kleinen Vogel, der mit seinen vielen Freunden zu Besuch kommt, vielleicht auf einem kahlen Ast sitzt und jedem, der zuhören möchte, sein fröhliches kleines Lied zwitschert. Wir stellen fest, dass er in diesen Monaten sein leuchtend gelbes Fell gegen ein olivgrünes getauscht hat. Allerdings trägt er immer noch seine kleine schwarze Mütze als Kopfbedeckung.

GESANG: Der Stieglitz ähnelt nicht nur farblich dem Kanarienvogel, sondern auch sein Gesang ähnelt einem Kanarienvogel. Sein Lied ist lebhaft, spontan und ausgesprochen musikalisch und wird oft als „ *per-chic-o- ree* " beschrieben. Es wird häufig angegeben, weil sich der Vogel auf dem Flügel befindet. Der Flug ist wellenförmig und während der Vogel in einer großen Aufwärtskurve aufsteigt, erfüllt fröhlich ein klarer Gesang mit seiner wilden Sorglosigkeit die Luft.

NEST: Das Nest des Stieglitzes findet man manchmal in niedrigen Büschen oder auf Bäumen. Es ist eines der schönsten Bauwerke, die man im Freien sehen kann. Für den Außenbereich werden feines Gras und Moos verwendet, während für die weiche Nestauskleidung ganz leichte Disteldaunen gesammelt werden. Wirklich glücklich sind die kleinen Vögel, die auf dieser wahrhaft seidenen Couch aufgezogen werden. Die Eier, drei bis sechs an der Zahl, haben eine blasse, bläulich-weiße Farbe.

BEMERKUNGEN: Der weibliche Stieglitz hat eine viel dunklere Farbe. Anstelle der schwarzen Kappe und der schwarzen Flügel des Männchens ist sie oben mit einem bräunlichen Oliv und unten mit einem gelblichen Weiß bedeckt. Tatsächlich ist sie die viel bescheidenere von beiden. Dieser kleine „Wilde Kanarienvogel", der beim Fliegen singt, ist ebenso nützlich wie attraktiv. Er isst unerwünschte Unkrautsamen und ähnliche Lebensmittel. Er wird von Sonnenblumenkernen sehr angezogen und kommt oft sehr nahe an unsere Häuser heran, wenn wir für ihn sorgen würden. Wenn wir den Stieglitz durch die Luft tauchen sehen und sein fröhliches „ *per-chic-o- ree* " hören, können wir uns auch aus der Ferne über seine Identität nicht täuschen; Denn von allen Vögeln, die bestimmte Gewohnheiten haben, ist der Stieglitz durch seine Flugweise am charakteristischsten.

Stieglitz – 5¼ Zoll

Der Rubinkehlkolibri

Die einzige Kolibriart, die wir im Nordosten kennen, ist der Rubinkehlchen. Dieses kleine surrende Juwel kommt Anfang Mai aus dem Süden zu uns und reist am 1. Oktober ab. Es ist interessant zu erfahren, dass es in der Neuen Welt mindestens fünfhundert bekannte Kolibrisarten gibt. Sie kommen nur in Nord- und Südamerika vor, die größte Zahl gibt es in Südamerika in Ecuador und Kolumbien, wo sie laut Dr. Frank M. Chapman in den Andenregionen leben.

GESANG: Der Rubinkehlkolibri gibt nur ein kleines „Quietschen" von sich und man kann daher sagen, dass er keinen echten Gesang besitzt. Herr F. Schuyler Mathews hat gesagt, dass diese Notiz möglicherweise bedeuten könnte : „ Passen Sie jetzt auf; Versuchen Sie nicht, mich am Schwanz zu packen, während mein Kopf in dieser Prunkwinde vergraben ist!" Das „Summen" entsteht durch die schnell schlagenden Flügel. Tatsächlich bewegen sich diese Flügel so schnell, dass sie unsichtbar sind, wenn der Vogel in der Luft schwebt und eine Blume untersucht.

NAHRUNG: Die Nahrung dieses Kolibris besteht aus winzigen Insekten und auch aus Blütennektar.

NEST: Dieses seltene kleine Bauwerk ist auf einem horizontalen Ast gebaut, ziemlich weit über dem Boden. Es besteht aus den allerweichsten Pflanzendaunen, ist außen mit kleinen Flechtenstücken bedeckt und mit Fasern am Ast befestigt. Diese zarte kleine Komposition ist am schwierigsten zu finden. Oftmals wird es nur zufällig auf seinem schwankenden Fundament entdeckt. Die beiden weißen, etwa bohnengroßen Eier werden ausgebrütet und dann erscheinen die beiden winzigen Vögel im seidenen Fingerhut. Die ganze Familie könnte in einem Löffel untergebracht werden.

Dieser kleine Zwerg mit roter Kehle,

Das summt wie eine Biene durch die Luft;

Ist es stattdessen ein Vogel oder eine Fee?

Das schwebt, damit Sterbliche es sehen können?

Oder ist es eine Blume mit silbernen Flügeln,

Zufrieden damit, zu fliegen, auch wenn es nie singen wird?

An milden Sommertagen, wo das Juwelenkraut wächst,

Dieser Blitz aus den Tropen mag scheinen,

In seinem hüpfenden und schneidigen Tempo, wohin es auch
geht,

Wie der Faden eines Traums sein

Dass Reisen, wie es sogar ein Traum tun kann,

Um die Blüten zu besichtigen und den Tau zu schmecken.

Die Rubinkehlkolibris – 3½ Zoll
Oben Männchen, unten Weibchen

Gemeine Taube

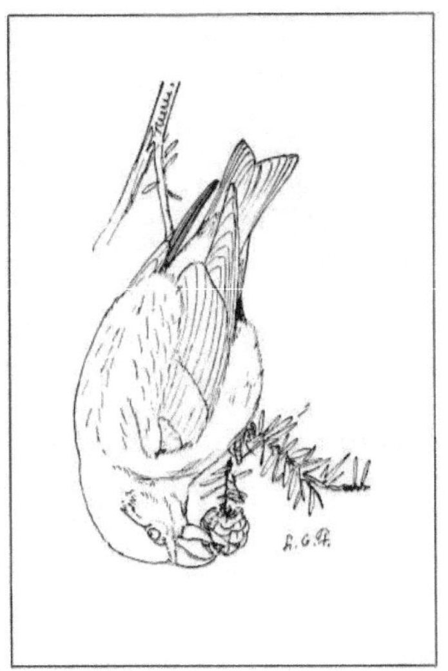

Roter Fichtenkreuzschnabel

VOGELSPIELE

Es gibt viele verschiedene Spiele, die gespielt werden können, um das Studium der Vögel interessanter zu gestalten. Einige davon sind für den Außenbereich geeignet, andere für den Unterricht. Ein Spiel, das sich als recht beliebt erwiesen hat, ist *das Spiel mit Vogelteilen* .

AUSRÜSTUNG: Als Ausrüstung muss der Ausbilder entweder ein großes farbiges Bild oder ein echtes Exemplar eines Vogels wie der Wiesenlerche haben, der recht deutlich gekennzeichnet ist.

REGELN: Zuerst macht der Lehrer die Kinder auf die verschiedenen Teile des Vogels aufmerksam, die in der Tabelle in dieser Broschüre aufgeführt sind. Dann bittet er die Kinder, aufzustehen und Körperteile wie den Scheitel, den Nacken, den Hals und die Schulter zu benennen und fordert die Kinder auf, ihre Hände schnell auf die genannten Körperteile zu legen. Nach dieser kurzen Betrachtung hält der Lehrer einen anderen Vogel hoch und zeigt auf die verschiedenen Teile, wie den gelben Nacken des Bobolink, die rötliche Brust des Kernbeißers, und fordert die Kinder auf, die angegebenen Teile gleichzeitig schnell zu benennen legen ihre Hände wie zuvor auf diese Teile. Das Kind, das einen Fehler macht, wird gezwungen, seine Hand dort zu lassen, wo sie ist, und durch den Ausschlussprozess unter Verwendung mehrerer Vögel ist es oft möglich, ein Kind zu finden, das als Einziger unbesiegt geblieben ist.

VOGELNESTSPIEL

Um zu verstehen, was für wunderbare Bauwerke Vogelnester wirklich sind, ist es manchmal hilfreich, den Versuch zu unternehmen, ein Nest zu bauen.

AUSRÜSTUNG: Lassen Sie jedes Kind mehrere Handvoll getrocknetes Gras, kurze tote Zweige, Streifen innerer Rinde, Blätter und ähnliches Nistmaterial sammeln. Diese können in den Klassenraum mitgebracht werden oder das Spiel kann auch im Freien gespielt werden.

REGELN: Der Lehrer sollte einen kurzen Vortrag über verschiedene Arten von Vogelnestern wie Rotkehlchen und Krähen halten. Zu diesem Zweck wären einige echte Vogelnester als Beispiele am nützlichsten. Den Kindern sollte eine gewisse Zeit für den Nestbau eingeräumt werden. Am Ende dieses Zeitraums ist es kaum noch möglich, dass es in der Gruppe noch eine einzige nestartige Struktur gibt. Dieses Nest wird natürlich der Gewinner sein. Auf diese Weise können die Kinder die echten Vogelnester schätzen lernen.

DIE WANDERUNGEN LOKALER VÖGEL

Unser lokales Vogelleben kann grob in zwei Teile unterteilt werden: die *ständigen Bewohner* und die *Durchreisenden* . Wie Herr Ludlow Griscom sagte: „Es ist müßig, im Januar nach Grasmücken oder im Juli nach Enten zu suchen." Wir müssen wissen, welche unserer Vögel das ganze Jahr über bei uns sind und welche uns nur für kurze Zeit besuchen. Die folgende Liste hilft uns zu erkennen, *wann* wir zu verschiedenen Jahreszeiten nach verschiedenen Vögeln suchen sollten.

A. STÄNDIGE EINWOHNER.

Im Allgemeinen sind die Vögel, die in den Monaten November, Dezember, Januar und Februar anwesend sind, hier das ganze Jahr über anzutreffen. Dies sind die Krähe, mehrere Eulen, der Singsperling, das Rebhuhn usw. Wir haben jedoch auch Winterbesucher wie die Kinglets, den Braunkriechvogel, den Schneevogel und andere, die in der warmen Jahreszeit in den Norden zurückkehren das Jahr.

B. FRÜHLINGSBESUCHER.

1. *März.* In diesem Monat ist ein allmählicher Zustrom von Vögeln zu beobachten. Im Folgenden finden Sie eine Liste dieser mutigeren Besucher.

(15. Februar bis 25. März)

Wiesenlark

Rostige Amsel

Rotschulterstärling

Grünflügelkrickente

Eisvogel

Phoebe

Kuhvogel

Morgentaube _

Lila Grackle

Fuchssperling

Robin

Bluebird

Waldente

Killdeer-Regenpfeifer

Waldschnepfe

2. *April*

(25. März bis 12. April)

Trauerschnabeltaucher

Blauflügelkrickente

Großer Blaureiher

Wilsons Schnepfe

Regenpfeifer

Fischadler

Gelbbauch-Saftsauger

Vesper Spatz

Rubingekröntes Kinglet

Savannah Sparrow

Weißkehlsperling

Chipping Spatz

Feldsperling

Sumpfsperling

Baumschwalbe

Gelber Palmensänger

Kiefernsänger

Einsiedlerdrossel

(17. bis 25. April)

Rohrdommel

Schwarzkronen-Nachtreiher

Klappenschiene

Virginia Rail

Towhee

Rauchschwalbe

Blauköpfiger Vireo

Schwarz-Weiß-Trällerer

Myrtensänger

Schwarzkehl-Grünsänger

Louisiana-Wasserdrossel

Brauner Thrasher

(25. bis 30. April)

Grüner Reiher

Großer Gelbschenkel

Gefleckter Flussuferläufer

Breitflügeliger Falke

Peitschenarmer Wille

Schornsteinfeger

Lila Martin

Klippenschwalbe

Uferschwalbe

Rauhflügelschwalbe

Gelber Waldsänger

Zaunkönig

3. *Mai:* Dies ist der beste Monat des Jahres für Beobachtungsarbeiten, wenn eine große Vogelliste gewünscht ist. Die Vögel strömen jetzt in rasender Geschwindigkeit nordwärts, der Höhepunkt der Zugsaison ist erreicht und es ist möglich, an einem einzigen Tag über 100 Arten zu beobachten.

(2. bis 7. Mai)

Einsamer Flussuferläufer

Taubenfalke

Kolibri

Königsvogel

Haubenschnäpper

Am wenigsten Fliegenfänger

Baltimore Pirol

Oriole im Obstgarten

Heuschreckensperling

Rosenbrüstiger Kernbeißer

Tanager

Trällernder Vireo

Gelbkehl-Vireo

Weißäugiger Vireo

Nashville-Trällerer

Blauflügelsänger

Parula- Waldsänger

Schwarzkehlsänger

Kastanienbrauner Waldsänger

Präriegrasmücke

Nördliche Wasserdrossel

Kapuzensänger

Nördlicher Gelbkehlling

Ofenvogel

Gartenrotschwanz

Amerikanische Spottdrossel

Holzdrossel

Sehr

(9. bis 12. Mai)

Akadischer Fliegenfänger

Rotäugiger Vireo

Wurmfressender Waldsänger

Blackburnian Warbler

Gelbbrüstiger Chat

Olivenrückendrossel

Magnoliensänger

Kanadischer Waldsänger

(10. bis 14. Mai)

Nachtfalke

Bobolink

Weißkronensperling

Lincolns Spatz

Goldflügelsänger

Tennessee-Trällerer

Cape-May-Trällerer

Braunbrüstiger Waldsänger

Blackpoll-Trällerer

Wilsons Waldsänger

Langschnabel-Sumpfzaunkönig

Graukarierte Drossel

(15. bis 26. Mai)

Gelbschnabelkuckuck

Schwarzschnabelkuckuck

Holz Pewee

Indigo-Ammer

Zedernseidenschwanz

Olivgrüner Fliegenfänger

Gelbbauchschnäpper

Fliegenfänger aus Erle

Kentucky-Trällerer

Morgensänger

4. *Juni:* Die meisten einheimischen Vögel nisten in diesem Monat und die anderen sind zu weiter nördlich gelegenen Brutplätzen weitergezogen.

5. *Juli:* Die Brut- und Gesangssaison ist nun fast abgeschlossen. Die Mauser hat begonnen und die Wälder und Felder liegen still im warmen Sonnenlicht.

C. HERBSTÜBERGÄNGE: Unter den ersten Vögeln, die in den Süden aufbrachen, sind folgende zu nennen:

1. *August*

(1. bis 30. August)

Großer Blaureiher

Sora Rail

Clive-seitiger Fliegenfänger

Goldflügelsänger

Tennessee-Trällerer

Cape-May-Trällerer

Magnoliensänger

Braunbrüstiger Waldsänger

Blackburnian Warbler

Nördliche Wasserdrossel

Trauergrasmücke

Wilsons Waldsänger

Kanadischer Waldsänger

2. *September:* Die Südwärtswanderung geht weiter.

(1. bis 10. September)

Nashville-Trällerer

Parula- Waldsänger

Schwarzkehlsänger

Blackpoll-Trällerer

Schwarzkehl-Grünsänger

Connecticut-Trällerer

(10. bis 30. September)

Wilsons Schnepfe

Breitflügeliger Falke

Taubenfalke

Weißkehlsperling

Palmgrasmücke

Olivenrückendrossel

Blässhuhn

Savannah Sparrow

Junco

Lincolns Spatz

3. *Oktober:* Wenn die Insekten verschwinden, wenn der Frost kommt, ziehen auch die Vögel, die diese Form der Nahrung benötigen, nach Süden. Somit ist das Wetter maßgeblich für den Zeitpunkt verantwortlich, zu dem die verbleibenden Arten in den Süden aufbrechen. Eine genaue Auflistung ist kaum möglich.

LITERATURVERZEICHNIS

HANDBUCH DER VÖGEL IM OSTEN NORDAMERIKAS: Frank M. Chapman. D. Appleton & Co., New York.

Dieses Buch ist sehr umfassend und behandelt verschiedene Phasen des Vogellebens. Es ist ein wertvolles Handbuch für Lehrer.

HANDBUCH DER VÖGEL IM WESTEN DER VEREINIGTEN STAATEN: Florence Merriam Bailey. Houghton Mifflin Co., Boston.

VOGELLEBEN: Frank M. Chapman. D. Appleton & Co., New York.

Beliebte Ausgabe mit farbigen Tafeln für Lehrer und Kinder gleichermaßen.

VÖGEL AUS DORF UND FELD: Florence Merriam Bailey. Houghton Mifflin Co., Boston. Für Lehrer und Kinder.

WILD WINGS: HK Job. Houghton Mifflin Co., Boston. Für Lehrer und Kinder.

UNTER DEN WASSERVÖGELN: HK Job. Houghton Mifflin Co., Boston. Für Lehrer und Kinder.

VÖGEL DES CENTRAL PARK: Ludlow Griscom . Amerikanisches Museum für Naturgeschichte. Für Lehrer und Kinder.

VÖGEL DER REGION NEW YORK CITY: Ludlow Griscom . Amerikanisches Museum für Naturgeschichte. Für Lehrer.

BIRDS OF NEW YORK: (2 Bände). Eaton. New York State Museum.

Diese großen Bände enthalten sehr vollständige Beschreibungen. Sie sind mit wunderschönen Farbtafeln von Louis Agassiz Fuertes illustriert, die besonders für Kinder nützlich sind.

EIN LEITFADEN ZU DEN VÖGELN NEUENGLANDS UND OST-NEW YORKS: Ralph Hoffman. Houghton Mifflin Co., Boston. Für Lehrer.

FELDBUCH DER WILDVÖGEL UND IHRER MUSIK: F. Schuyler Mathews. GP Putnam's Sons, New York. Für Lehrer und Schüler.

DIE BEDEUTUNG DES VOGELLEBENS: G. Inness Hartley. Die Century Company, New York. Für Lehrer und Schüler.

VOGELKUNST : Mabel Osgood Wright. Macmillan Company, New York. Für Kinder.

GRAUE DAME UND DIE VÖGEL: Mabel Osgood Wright. Macmillan Company, New York. Für Kinder.

WELCHER VOGEL IST DAS? Frank M. Chapman. D. Appleton & Co., New York. Für Lehrer und Schüler.

AMERIKANISCHE VÖGEL AUS DEM LEBEN FOTOGRAFIERT UND STUDIERT: William L. Finley. Charles Scribners Söhne, New York.

NÜTZLICHE VÖGEL UND IHR SCHUTZ: Edward H. Forbush . Massachusetts State Board of Agriculture, Boston.

Dieses Buch enthält Illustrationen von schädlichen Insekten und den Vögeln, die sich von ihnen ernähren.

WIE MAN VÖGEL STUDIERT: Herbert K. Job. Outing-Verlag.

VOGELHÄUSER UND WIE MAN SIE BAUT: Ned Dearborn. Farmer's Bulletin 609, Sup't . of Documents, Regierungsdruckerei, Washington, DC

Vögel im Haus anlocken – Bulletin Nr. 1. National Association of Audubon Societies, New York City.

EIN FRÜHER MORGEN MIT DEN VÖGELN

„Wildvögel ändern nachts ihre Jahreszeit.

Und jammern von Wolke zu Wolke

Den langen Wind hinunter."

An einem frühen Oktobermorgen lag ich auf dem festgestampften Boden und sehnte mich nach dem Sonnenaufgang. Ich hatte die ganze Nacht hier geschlafen, um im Morgengrauen die Vögel sehen zu können. Von der Wärme des Vortages getäuscht, hatte ich nicht genügend Decken mitgebracht und fühlte mich daher in der kalten Brise äußerst unwohl.

Am Fuße des Hügels, auf dem mein Lager stand, gab es einen von einer Quelle gespeisten Teich. An einem Ende aufgestaut, füllte es bequem den Kopf eines kleinen Tals. Von dort führte ein breites, grasbewachsenes Wattenmeer, das vom sichtbaren Long Island Sound abwich. Für Ufervögel war dieser sumpfige Ort ein idealer Futterplatz.

Über der dunklen, bewegungslosen Oberfläche des Sees schwebte eine Nebelbank, die etwa sechs Meter über der Oberfläche schwebte. Mehr Dampf wuchs langsam zu einem riesigen Pilz heran.

Als ich diesen zunehmend filmischen Mantel beobachtete, sah ich, wie zuerst eine und dann eine weitere graue Gestalt hineinging und verschwand, nur um an einer anderen Stelle wieder aufzutauchen und in der Dunkelheit des von Eichen gesäumten Ufers zu verschwinden. Zuerst konnte ich mir nicht vorstellen, was diese geisterhaften Formen waren, und dann, gerade als ich zu dem Schluss gekommen war, dass sie das Ergebnis eines unheimlichen Windes waren, der mit vereinzelten Wolken spielte, ertönte ein barsches „ Quak , Quawk , Quawk " . Ich ging an einer und dann an einer anderen Gestalt vorbei, bis der Ort von heiseren Schreien widerhallte. Mir wurde klar, dass der Nachtreiher seine letzten Morgensegel nahm, um sich darauf vorzubereiten, für den Tag in einem nahegelegenen Baum zu schlafen. Wie die Eule bevorzugte er für seine Aktivitäten die Nacht.

Allmählich ließ der Lärm nach, als die Reiher sich auf verschiedenen Ästen niederließen. Der Nebel über dem Teich begann zu verschwinden und die kleinen, formlosen Wolken weit oben am Himmel nahmen eine Andeutung von Farbe an. Jetzt war es an der Zeit aufzustehen. Schon bald würde der Wald voller fliegender, fressender Vögel sein, und die beste Tageszeit für die Vogelbeobachtung wäre nahe. Doch mir war so kalt, dass es unmöglich war, ein Glied zu bewegen. Mehrmals, abseits, ahmte ein kleiner Weißkehlsperling mit schwacher Stimme sein wunderschönes Frühlings- und Sommerlied schwach nach. Es war, als ob seine Stimmorgane durch Nichtgebrauch und Kälteeinwirkung weniger geschmeidig geworden wären.

Was für ein mutiger kleiner Sänger er ist, auch wenn seine Bemühungen nicht immer gleichermaßen belohnt werden. Ich denke, es ist zum Teil das, was Hudson die „menschliche Note" nennen würde, die mir das Lied des Weißkehlchens so beliebt macht. Der ersten anhaltenden Note seines Liedes liegt wirklich eine intime Qualität zugrunde. Aber in den abschließenden, hohen und unendlich süßen Tönen liegt die Andeutung eines Liedes, das zu rein ist, um von irgendetwas geäußert zu werden, das an die Erde gebunden ist. Es waren schon viele heiße Sommertage, an denen ich müde und vom Rudel erschöpft einen Moment innehielt, um mich auf einer mit Brombeersträuchern bedeckten Lichtung im tiefen Wald auszuruhen, und die fröhliche kleine Waldstimme des Peabody-Vogels unerwartet von einem unsichtbaren Ort zu hören war Zweig, würde mich genauso erfrischen wie ein Getränk an einer kühlen Quelle. Ich freue mich jedes Jahr auf seinen Gesang.

Eine riesige Weißeiche breitete ihre mächtigen Äste mindestens dreißig Meter über meinem Kopf aus. Es war ein majestätisches und wunderschönes lebendiges Denkmal einer mächtigen Natur. Einige der obersten Äste schienen nach oben zu ragen und im Himmel zu verschwinden, so dass ihre blassgraue Rinde perfekt mit dem frühen Morgenlicht verschmolz. Eine Zeit lang lauschte ich dem sanften Rascheln des Windes in den unzähligen trocknenden Blättern. Dann ertönte ganz subtil von der Baumkrone ein anderes Geräusch, das sich in mein Bewusstsein einprägte, als würde der schwache Duft eines entfernten Blumenbeets langsam näherkommen. Allmählich steigerte es sich, bis das Flüstern der Blätter fast unhörbar wurde und die Luft von einem unbeschreiblichen, hohen, musikalischen Atem erfüllt war. Es war, als unterhielten sich in großer Entfernung unzählige kleine Lebewesen.

Als ich mich direkt auf den Rücken drehte, sah ich einen Moment lang nichts in der grünen Mitte so weit oben. Als meine Augen jedoch besser fokussiert waren , konnten sie einige kleine Objekte von etwa gleicher Größe erkennen. Meine Brille war sicher und griffbereit im Absatz eines großen Schuhs untergebracht. Ich vergaß die kühle Luft und entblößte meine Brust und meine Arme lange genug, um das Fernglas hervorzuholen.

Dort in der Baumkrone sah ich eine sich bewegende Masse sehr kleiner Vögel, die kaum innehielten und von einem Zweig zum anderen flogen. Kaum wollte einer außer Sichtweite kommen, flog ein anderer in den Baum und nahm seinen Platz ein. Die gesamte Versammlung zog immer nach Süden. Einige von ihnen erreichten die unteren Zweige, wo ihre Identität leichter bestimmt werden konnte. Mir wurde klar, dass ich Zeuge der Herbstwanderung einer großen Gruppe amerikanischer Waldsänger war.

Zu den auffälligsten Kleinvögeln gehörten die weiblichen und jungen Gartenrotschwänze, die viele Male ins Blickfeld huschten. Das Gelb an den äußeren Schwanzfedern war deutlich sichtbar, als sie hin und her hinter einem Insekt herjagten, das sich in der Nähe befand. Der Myrtensänger war mit seinen vier gelben Flecken auf Krone, Rumpf und auf jeder Seite seiner Brust in großer Zahl in der Baumkrone vertreten. Auch der zierliche kleine Gelbe Waldsänger und der Blaukehlsänger waren dabei. Was für eine Schar waren sie und was für eine lange, furchterregende Reise hatten sie noch vor sich! Es wäre schwer, alle verschiedenen Gefahren aufzuzählen, denen diese kleinen Vögel ausgesetzt sind, wenn sie nachts kilometerweit durch die Luft fliegen, und insbesondere, wenn sie tagsüber in Bodennähe ruhen und fressen.

Noch während ich zusah, glitt eine plündernde Kreischeule auf geräuschlosen Flügeln über mich hinweg. Sofort verstummte das Gezwitscher, um dann wieder zu beginnen, nachdem die Eule völlig harmlos vorbeigeflogen war.

Was für fleißige kleine Geschöpfe diese Vögel waren! Sie durchsuchten jedes Blatt und ließen kein bisschen Nahrung, weder Insekten noch Pflanzen, entkommen. Wie gut wussten sie, dass Vögel, die in der Nacht fliegen, tagsüber fressen müssen. Sie waren etwa fünfzehn Minuten bei mir und gingen dann, so allmählich sie gekommen waren, weiter, bis schließlich kein einziger mehr zu sehen war.

Eine Zeit lang lag ich da und versuchte vergeblich, mich aufzuwärmen, nachdem ich dem Waldsänger ausgesetzt war. Kein Laut war zu hören – selbst der Wind war still geworden. Dann ertönte plötzlich von nicht weit her ein Ruf: „Lehrer, Lehrer, *Lehrer*, LEHRER." Noch nie zuvor oder seitdem habe ich gehört, dass sich der „Lehrervogel" so spät in der Saison ankündigt. Auch er war auf der Reise nach Süden. Seine kleineren Brüder, die Grasmücken, suchten die Baumwipfel auf, aber er, obwohl er zur selben Familie gehörte, bevorzugte den Boden, wo er zwischen den Blättern nach erlesenen Futterstücken suchen konnte. Dieser Vogel ist unter verschiedenen Namen bekannt. Aufgrund der Struktur seines Nestes, die einem holländischen Ofen ähnelt, wird er von vielen als „Ofenvogel" bezeichnet. aber für mich ist er, wie er es für John Burroughs war, der „Lehrervogel".

Wenn ich alleine in den Wald gehe , brauche ich eine Art „Einbruchalarm", der mich in windstillen Nächten vor Fremden im Lager warnt. Ich greife auf eine sehr alte, aber wirksame Praxis zurück. Indem ich viele Arme voll trockener, toter Blätter sammle und sie rund um mein Zelt stapele , bin ich mir ziemlich sicher, dass mich kein Herumtreiber überraschen kann. Ich hatte mir auf dieser Nachtwanderung einen solchen Alarm besorgt und wurde durch ein leises Rascheln in der Nähe meines Zeltes darauf aufmerksam gemacht, dass ich einen Anrufer hatte. Einen Moment lang dachte ich, es sei ein graues Eichhörnchen, doch dann kam mir die Natur des Geräusches anders vor und ich war verwirrt, wer mein Besucher sein könnte.

Gleich habe ich es herausgefunden. Eine wunderschöne, sauber geschnittene kleine Walddrossel hüpfte vor meinem Zelt vorbei. Er sah sehr kalt aus und erregte deshalb sofort mein Mitgefühl. Sein wohlgeformter brauner Kopf war so weit wie möglich zwischen den Schulterblättern versteckt. Ihm war so kalt, dass er nicht einmal nach Nahrung suchte, sondern ohne offensichtliche Gedanken an die Richtung weiterzog, offensichtlich nur, um sich warm zu halten. Es gab mir ein geistiges Bild von mir selbst, wie ich sein würde, wenn ich aufstand. Mein Hauptziel wäre es, das Feuer anzuzünden, um es warm zu halten; Essen würde später kommen.

Die Drossel verschwand aus meinem Blickfeld, ohne mich zu beachten. Ich dachte, er wäre für immer verschwunden; Aber nein, im nächsten Moment tauchte er wieder auf und stapfte zu meiner größten Freude direkt auf das Zelt zu, immer noch wie erstarrt.

Plötzlich bin ich mir sicher, er hat mich gesehen. Sein Kopf wurde zwischen den Schultern hervorgeholt und jeder Teil des Vogels schien sofort in Alarmbereitschaft zu sein. Der Kontrast war verblüffend. Hier war ein äußerst aktives und intelligentes Geschöpf, wo zuvor eines bemerkenswert langweilig und dumm ausgesehen hatte.

Langsam und mit größter Vorsicht rückte er vor, bis uns nur noch zwei Fuß trennten. Dort blieb er stehen und musterte mich buchstäblich von oben bis unten. Ich machte weder einen Ton noch eine Bewegung, so sehr hatte ich Angst, meinen Gast zu verscheuchen. Was für eine bemerkenswert saubere weiße Brust er hatte und wie deutlich die runden schwarzen Flecken waren, mit denen sie gesprenkelt war! Hier war der Waldbruder des Rotkehlchens und der Drossel, genau dort, wo ich meine Hand auf ihn legen konnte. Nachdem er sich davon überzeugt hatte, dass ich harmlos und nicht interessanter war als die seltsam aussehenden umgestürzten Baumstämme oder Felsen im Wald, drehte er sich ziemlich unhöflich um und verließ das Zelt.

Da stand ich auf und machte mich ans Feuermachen. Wenn die Vögel so darauf bedacht waren, dass ich sie sah, dass sie gezwungen waren, in mein Zelt zu kommen, konnte ich ihnen nicht länger widerstehen. Nach einem hastigen Frühstück machte ich mich mit den Gläsern in der Hand auf den Weg in den Wald, auf der Suche nach den Vögeln, die riefen.